科学出版社"十三五"普通高等教育本科规划教材

纳米生物学交叉实验教程

主编 刘 庄 许利耕

参编（按姓氏拼音排序）

姜享旭 马淑燕

谭晓芳 杨旭敏

U0230617

科学出版社

北京

内 容 简 介

　　本书是为适应国家纳米生物医学领域本科人才培养需求而编写。纳米生物医学涉及生物化学、分子生物学、细胞生物学、微生物学和纳米技术等多个学科的交叉。本书共五章,第一章为课程简介、实验室安全及实验基本要求;第二章至第五章分别为纳米生物学交叉实验之生物化学篇、分子生物学篇、细胞生物学篇和微生物学篇,在每章首先介绍相关学科基础实验,之后介绍与之密切相关的交叉实验,并推荐了英文阅读文献。

　　本书适用于全国高等院校生命科学、材料科学与技术、纳米材料与技术和生物功能材料、生物医学工程等专业或学科方向的本科实验教学。

图书在版编目(CIP)数据

　　纳米生物学交叉实验教程/刘庄,许利耕主编. —北京:科学出版社,
2017.11
　　科学出版社"十三五"普通高等教育本科规划教材
　　ISBN 978-7-03-055171-9
　　Ⅰ.①纳… Ⅱ.①刘… ②许… Ⅲ.①纳米材料-应用-生物技术-实验-高等学校-教材 Ⅳ.①Q81-33
　　中国版本图书馆 CIP 数据核字(2017)第 269859 号

责任编辑:刘 丹 / 责任校对:张凤琴
责任印制:张 伟 / 封面设计:铭轩堂

科 学 出 版 社 出版
北京东黄城根北街 16 号
邮政编码:100717
http://www.sciencep.com

北京凌奇印刷有限责任公司印刷
科学出版社发行 各地新华书店经销
*
2017 年 11 月第 一 版　　开本:(720×1000)B5
2025 年 1 月第六次印刷　　印张:7 1/8
字数:136 000

定价:29.80 元
(如有印装质量问题,我社负责调换)

前　言

　　近年来，随着纳米科学与技术的飞速发展，其作为一门新兴学科在社会各领域尤其是生物医学领域产生了深远影响。纳米生物医学将在疾病诊断、预防，治疗人类重大疾病如传染病和癌症等方面实现重大突破，为保障人类健康提供新策略。

　　自2011年以来，国家非常重视纳米科学与技术领域的本科人才培养，已有多所知名高校专门开设了"纳米材料与技术"和"生物功能材料"等专业。然而，目前在本科生培养方面，尚缺乏关于纳米生物医学领域的本科实验教材。因此，基于近年来在纳米生物医学领域的研究基础，我们编写了《纳米生物学交叉实验教程》。在内容设计上，结合纳米生物医学交叉学科的特点，本教材分设了"生物化学篇""分子生物学篇""细胞生物学篇"和"微生物学篇"，通过先学习相关学科的基础实验知识，之后设计与各学科密切相关的纳米生物学交叉实验，以期让学生在掌握基本实验技能的同时，能够了解和掌握纳米生物医学研究的基本原则和研究方法。同时，在纳米生物学交叉实验部分，还为学生推荐了相关的英文阅读文献，可以让学生及时了解相关领域的最新研究进展。

　　鉴于编者水平有限，书中难免有不足之处，敬请读者批评指正。

主　编

2017 年 8 月

目 录

第一章

课程简介、实验室安全及实验基本要求

第一节 课程简介

近年来，作为一门新兴学科，纳米科学与技术的飞速发展使其在社会各领域如电子器件、通讯、能源和生物医学等领域产生了深远影响。凭借其独特的理化性质，如粒径小、比表面积大和易于进行加工修饰等，纳米材料在药物/基因载体、生物成像、生物传感器、抗菌和肿瘤免疫治疗领域显示出良好的应用前景。纳米生物医学作为其中一个重要发展方向，未来将在预防和治疗疾病、保护人类健康、提高生活质量方面发挥极其重要的作用。

众所周知，人体由血液循环系统、免疫系统、消化系统、呼吸系统、神经系统和泌尿生殖系统组成，各系统主要由多种生物功能分子、细胞和组织构成。大量研究表明，纳米材料可通过多种途径如血液、皮肤、口腔、呼吸道等进入生物体内，并与机体中的生物功能分子（如蛋白质、DNA）和细胞等发生相互作用。因此，阐释纳米材料与生物体各生物功能分子、细胞和组织等相互作用的潜在机制，对于全面、准确地理解纳米材料的生物学效应，推进纳米材料未来应用于临床，进一步拓宽其在生物医学领域的应用范围，具有极其重要的理论价值和实际意义。

毫无疑问，纳米材料的生物学效应及其作用机制研究涉及诸多学科领域，如材料科学、化学、生物学和医学等。为了进一步培养纳米生物医学方向的本科专门人才，使其在掌握生物基础理论和实验技能的同时，及时掌握纳米生物医学领域常用的研究手段，更加科学、准确地理解纳米材料独特的物理化学性质及其与生物体的相互作用关系，本课程在内容上设立了"生物化学基础实验"、"分子生物学基础实验"、"微生物学基础实验"和"细胞生物学基础实验"4个部分，在介绍各学科基础实验后，针对不同学科领域又分别开设了与之密切相关的纳米生物学交叉实验。本课程旨在让学生在掌握这些基础实验的理论与操作技能的同时，更加直观准确地理解相应理论课程（即生物化学、分子生物学、微生物学和细胞生物学）的专业知识。同时，结合这些理论知识和实验技能，进一步了解并掌握纳米材料生物学效应的基本研究方法，理解不同理化性质对纳米材料生物学效应的影响作用。更为重要的是，希望学生通过对纳米生物学交叉实验的学习，掌握科学研究的基本原则、设计原理和研究方法。

第二节 实验室安全规则和注意事项

实验室安全是顺利开展实验的基本保障，因此实验室必须有严格、正确的操作规范，实验人员必须具备较强的安全意识，严格遵守实验室安全操作的相关规定。实验室的安全规则和注意事项主要包括以下内容：

（1）实验人员需要熟悉实验室中的安全设备如灭火器、灭火毯等的位置和使用方法。遇到紧急情况，不要惊慌，及时告诉指导教师，做好处理工作。

（2）实验人员开展实验前，首先要掌握相关实验的基本原理，了解实验操作过程中需要注意的细节，尤其是涉及危险品的实验；其次，实验人员必须穿实验服、戴乳胶手套方可开展实验；实验过程中，若涉及易挥发试剂，需在通风橱中进行，同时还需要戴上口罩或防毒面具等，以免发生危险。

（3）实验过程中，实验人员经常接触有刺激性或有毒的化学试剂或生物试剂，因此禁止戴手套接打电话、接触面部、头发等暴露部位；同时，禁止戴手套直接接触实验室门把手，从而减少对实验室外来人员可能造成的危害。

（4）实验过程中，对于某些具有化学毒性或生物毒性的废液，要严格按照规定处理，并倾倒在指定容器中。例如，含重金属的废液需要收集至专门的废液桶中，不能直接倒入下水道；强酸性溶液与强碱性溶液要分别收集至废液桶中；含有细菌的废液或琼脂平板，需要先用84消毒液或通过高压灭菌处理后，方可丢弃；处死的实验动物禁止乱扔，需统一回收处理。

（5）实验过程中若不小心打碎玻璃器皿，需要及时将碎片收集至利器回收盒中；使用过的注射器也需要经毁形处理后回收至利器盒中。

（6）实验过程中，对于某些仪器设备不清楚如何使用的，要及时询问实验指导老师，不要随便乱调试机器，以免损坏仪器。

（7）禁止在实验室饮食，不要高声喧哗，禁止在实验室打闹。

（8）实验结束后，要及时清理实验操作台，并切断仪器电源。

第三节 常用实验室仪器的操作规范

生物实验中经常使用的仪器设备包括电子天平、移液器和高速离心机等。其具体使用方法如下。

1. 电子天平

天平是定量分析操作中最主要、最常用的仪器，天平的称量误差直接影响着实验结果，因此掌握正确的使用方法非常重要。

（1）首先，确认天平水平仪内气泡位于中央位置（图1.1），如果偏离位置，可调节地脚螺栓高度，使其位于中央位置，调节平衡后禁止随意挪动天平。

（2）根据需要选择合适精度的天平（如千分之一即1mg，万分之一即0.1mg），打开电源后，将称量纸放置于称量台上，清零（Tare键），即可称取药品。结束后需及时清理称量台上撒落的药品，避免某些药品腐蚀天平。

2．移液器

在配制实验试剂过程中，移液器是一种必备的工具。移液器的工作原理是活塞通过弹簧的伸缩运动来实现吸液和放液。在活塞推动下，排出部分空气，利用大气压吸入液体，再由活塞推动空气排出液体。使用移液器时，配合弹簧的伸缩性特点来操作，可以很好地控制移液的速度和力度。目前，Eppendorf公司生产的微量移液器最为常用，可分为单道微量移液器（包括1mL、200μL、20μL和10μL等多种规格）和多道微量移液器（如8道、12道微量移液器等）（图1.2）。具体使用方法如下。

图 1.1 电子天平

图 1.2 不同规格的微量移液器

1）根据实验要求选择合适量程的移液器，并设定移液体积 为了更加准确地吸取实验试剂，在移液体积均在两种量程移液器的吸取范围时，不要使用大量程的移液器吸取小体积的液体。例如，不要使用最大量程为100μL或200μL的移液器吸取2μL的液体，而应该选择最大量程为10μL或2.5μL的移液器。

2）装配合适的移液器吸头 对于单道移液器，将移液器端垂直插入吸头，左右微微转动，上紧即可。多道移液器装配吸头时，将移液器的第一道对准第一个吸头，倾斜插入，前后稍许摇动上紧，吸头插入后略超过O型环即可（图1.3）。禁止用移液器撞击吸头，这样会影响移液器中弹簧的精确度。同时，在日常准备实验过程中，经常需要将吸头装至吸头盒中，实验人员需要戴干净的一次性手套拿取吸头，避免污染吸头。

图 1.3 装配移液器吸头的正确方法

3）吸液和放液   在吸液和放液时，要慢吸慢放，避免液体吸入腔体。同时，在吸取到预定体积后，可在液面下停顿 3s，再离开液面；使用过程中，若不慎吸入腔体时，要及时清理，避免损坏移液器。

- 垂直吸液。
- 吸头尖端需浸入液面 3mm 以下。
- 慢吸慢放，控制好弹簧的伸缩速度。
- 放液时吸头尖端靠在容器内壁。

4）如何更加准确地吸取一定体积的液体

- 预润湿吸液：黏稠液体可以通过吸头预润湿的方式来达到精确移液，先吸入样液，打出，吸头内壁会吸附一层液体，使表面吸附达到饱和，然后再吸入样液，最后打出液体的体积更加准确。

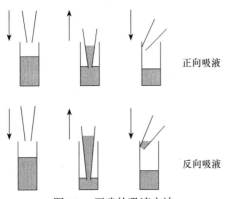

图 1.4   正确的吸液方法

- 正向吸液与反向吸液（图 1.4）：正向吸液是指正常的吸液方式，操作时吸液可将按钮按到第一档吸液，释放按钮。放液时先按下第一档，打出大部分液体，再按下第二档，将余液排出。反向吸液是指吸液时将按钮直接按到第二档再释放，这样会多吸入一些液体，打出液体时只要按到第一档即可。多吸入的液体可以补偿吸头内部的表面吸附，反向吸液一般与预润湿吸液方式结合使用，适用于黏稠液体和易挥发液体。对于比较昂贵的试剂或样品量较少的重要样品，最好使用正向吸液，从而降低实验成本，节省样本用量。

5）尽量避免吸取具有强挥发性的试剂   如果一定要用，必须在使用后立即拆开移液器，挥发蒸气。

6）使用结束后，及时将移液器回调至最大量程，保证移液器的准确性   对于使用时间比较长的移液器，可通过稍微旋转至超过最大量程的刻度，之后再回旋过来，从而使弹簧能够准确回复至最大量程。

3. 高速离心机

离心机的使用需要注意以下几个方面。

（1）根据实验要求选择合适的离心机，并设定转速或离心力。

（2）样品离心前必须利用天平进行配平（对称两管的重量差别要小于 0.2g），拧紧离心管盖子，之后将样品对称放置于离心机中。

（3）离心管中样品体积不能过满，避免离心过程中，样品泄露，腐蚀机器。

（4）低温高速离心机使用结束后，必须及时清理腔体中的冷凝水，防止生锈，损坏机器。

第四节　实验数据及实验报告

一、实验的准确性

生物学实验及纳米生物学交叉实验主要涉及定性和定量分析检测。定性分析是确定存在物质的种类，或粗略计算物质所占的比例；而定量分析则需要确定物质的精确含量。因此，实验人员要根据实验要求对实验结果进行分析和总结，要善于分析和判断结果的准确性，认真查找可能出现误差的原因，并进一步研究减少误差的办法，以不断提高所得结果的准确度。

一般在实验测量过程中都会有误差产生，通过分析原因，多数的误差是可以通过适当的处理来校正的。产生误差的原因很多，一般根据误差的性质和来源可把误差分为两类，即系统误差和偶然误差。

1. 有效数字

做实验每天接触大量数据，什么是有效数字？是否小数点后数字越多越准确？数字 1、2、3、4、5、6、7、8、9 是有效数字。数字 0 可以是有效数字，也可能不是，如果 0 只用来表示小数点的位置时，它就不是有效数字。例如，0.050 40kg，这个数字的前两个零都不是有效数字，它们只是用来表示小数点的位置。如改用另一个单位，即可把它们取消，如采用克为单位，就可写成 50.40g。5 和 4 之间的 0，是有效数字，如去除 0，数值（0.054 0kg）就完全变了。最后一位 0 也是有效数字，它指出在该项称重中，可以测定到 0.000 10kg，只不过数字正好是零。如果将最后的 0 去除，则意味着只能称到 0.000 1kg。有效数字的位数说明一个测定的准确度，应当符合这个测定（包括这个测定的每一个步骤）总的准确度。综上所述，在测定的各个环节中，在可能范围内应注意选择准确度相类似的仪器，否则在某一环节使用了一次准确度很低的仪器，则整个测定结果的准确度便降低了。同样，在某一个实验环节使用了一次准确度很高的仪器，这种测量也是徒劳无功的，毫无意义。

2. 误差

误差是指一种被测物的测定结果与其真值的不符合性，真值往往是不能确切知道的，通常以多次测定结果的平均数来近似地代表。尽管实验的分析方法相当准确，仪器也很精密，试剂纯度很高，操作者技术很熟练，然而这些都不能使某种物质的测定结果与其真值绝对相符。同一个样本多次重复测定，其结果亦不能完全相同。因此实验中的误差是绝对的。根据误差的来源和性质，通常可分为两大类。

1）系统误差　　系统误差是指一系列测定值存在有相同倾向的偏差，或大于真值，或小于真值，一般是恒定的。多是由于某种确定的原因引起的，在一定条件下可以重复出现，误差的大小一般可以测出。经分析找出原因，可采取一定措施，减少或纠正。

● 系统误差的来源

（1）方法误差：如用滤纸称量易潮解的药品；做生物实验，特别是酶的实验时没有考虑温度的影响等。

（2）仪器误差：如量取液体时，按烧杯的指示线量取液体往往准确度降低，需要用量筒量取；在配制标准溶液时，量筒同样不够精确，要选用等体积的容量瓶定容到刻度线。

（3）试剂误差：如试剂不纯或蒸馏水不合格，引入微量元素或对测定有干扰的杂质，就会造成一定的误差。

（4）操作误差：如在使用移液管量取液体时，由于每个人的操作手法不同，可能会存在一定的操作误差。特别是在读数据时，目光是否平视，视线与液体弯月面是否相切，都可能成为实验中造成较大误差的主要原因。

● 系统误差的校正

（1）仪器校正：在实验前对使用仪器进行校正，以减少误差。

（2）空白实验：在任何测量实验中都应包括有对照的空白实验。用同体积的蒸馏水或样品中的缓冲液代替待测溶液，并严格按照待测液和标准液同法处理，即得到所谓的空白溶液。在最后计算时，应从实验测得的结果中扣除从空白溶液中得到的数值，即可得到比较准确的结果。

2）偶然误差　　与系统误差不同，误差的大小、正负是偶然发生的。误差时大时小，时正时负，不固定，一般不可预测。分析的步骤越多，出现这种误差的机会越多，所以也不易控制。如果遇到这种情况，应对仪器、试剂、方法做全面的检查。一般生物类实验的影响因素是多方面的，某些条件如温度、光照、气流、反应时间、反应体系的微小变化都会引起较大的误差。特别是某些因素的作用机制目前仍不十分清楚，所以有些实验结果重现性较差。解决偶然误差主要可通过进行多次平行实验，然后取其平均值来弥补。测试的次数越多，偶然误差的概率就越小。

另外，还有一种称为责任误差。这种误差是由于工作人员工作态度不严肃，责任心不强，思想不集中，操作粗枝大叶所引起的，这种误差是可以避免的。对于初做实验的人员来说是经常发生的，如加错试剂、在配制标准溶液时固体溶质未被溶解就用容量瓶定容、在做电泳时点样端位置放错等。这些失误会对分析结果产生极大的影响，致使整个实验失败。所以在实验中一定要避免操作错误，培养严谨和一丝不苟的科学实验作风，养成良好的实验习惯，减少失误的发生。

此外，在实际工作中要根据实验目的，设计好切实可行的实验方案，并根据实际需要的准确度来选择测试手段（仪器及方法）。例如，在做定性实验时，称量及配制试剂时可相对粗些，可选择台秤及量筒来称重、量取，而在做定量实验时，则必须使用分析天平及容量瓶来称量、定容，以确保实验数据真实可靠。

二、实验报告

实验前必须认真预习，了解实验目的、原理和操作方法，写出扼要的预习报告，操作时作为提示和参考，准备好便于保存的记录本。在实验中要对观察到的结果及数据及时记录。记录时要准确、客观，切忌夹杂主观因素，真实的实验记录才是今后结果分析的可靠依据，因此切勿根据课本中已经了解的可能出现的现象做虚假记录。详细记录实验条件，如材料的名称和来源，仪器的名称，化学试剂的规格、浓度、pH 等。如果怀疑观测结果或记录不完整，必须重做实验。

实验结束后，应及时整理和总结实验数据，写出实验报告。一份好的实验报告应包括以下内容。

（1）标题：标题应包括实验时间、实验地点、实验组号、实验者姓名、实验时条件（如温度、湿度等）。

（2）实验名称、实验目的。

（3）实验原理：应简明扼要地阐述实验的理论指导，使未做过实验的人看后对该实验有一个初步的了解。

（4）材料和仪器：对实验材料要写清其来源及规格、浓度、配制方法。

（5）操作方法：要描述自己的操作过程及方法，不能完全照抄实验指导书，可简明扼要地把实验步骤一步步写出，也可用工艺流程图或表格形式按照先后顺序表示。实验步骤一定要写得准确明白，以便他人能够重复验证。

（6）实验结果：将实验中的现象、数据进行整理、分析，得出相应的结论。在实验中多以图表来表示实验结果，这样可使实验结果清楚明了。特别在生物化学实验中通过对标准样品的一系列分析测定，制作图表或绘制标准曲线等，可为以后待测样品的分析提供方便。

（7）讨论：讨论部分是对整个实验过程、实验结果的总结、分析，对得到的正常结果和出现的异常现象及教师提出的思考题的探讨、研究，也可对实验设计、实验方法提出合理的改进性意见，以便教师今后能更好地安排实验。

参 考 文 献

李春喜，姜丽娜，邵云，等. 2013. 生物统计学. 5 版. 北京：科学出版社.

Chen C Y, Li Y F, Qu Y, et al. 2013. Advanced nuclear analytical and related techniques for the growing challenges in nanotoxicology. Chemical Society Reviews, 42: 8266-8303.

Sozer N, Kokini J L. 2009. Nanotechnology and its applications in the food sector. Trends in Biotechnology, 27: 82-89.

Xu L G, Liu Y, Bai R, et al. 2010. Applications and toxicological issues surrounding nanotechnology in the food industry. Pure and Applied Chemistry, 82: 349-372.

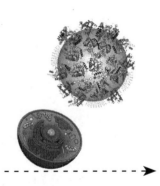

第二章

纳米生物学交叉实验之
生物化学篇

　　生物体（包括人体）主要由水、无机盐、蛋白质、脂类、糖类、核酸及其他多种具有生物学活性的小分子化合物（如维生素）等物质组成。生物体正常生命活动的进行涉及这些物质的诸多化学反应，如蛋白质、糖类、脂类和核苷酸的代谢等。生物化学是一门利用化学理论和方法研究生物体的化学组成、结构及生命过程中各种化学变化的学科。毫无疑问，纳米材料进入人体后，无可避免地要与体内的多种组分发生相互作用。其中，纳米材料与蛋白质的相互作用研究是纳米生物医学中的重要方向。一方面，某些纳米材料可能对蛋白质等生物分子的结构产生影响，进而影响生物体的生命活动；另一方面，蛋白质与纳米材料结合后，将改变纳米材料的理化性质尤其是表面化学性质，进而影响纳米材料在生物体内的一系列行为。因此，从生物化学的角度出发，揭示纳米材料的生物学效应作用机制，对于推进其未来应用于生物医学领域具有重要理论意义。本章将首先介绍"氨基酸纸层析""蛋白质的颜色反应和沉淀反应""蛋白质的定量检测和聚丙烯酰胺凝胶电泳"等实验，之后通过"不同种类氧化石墨烯衍生物对蛋白质的吸附能力比较"使学生基本了解和掌握纳米材料生物学效应研究的基本方法。

实验一　氨基酸纸层析

实验目的
　　了解并掌握氨基酸纸层析法的原理和方法。

实验原理
　　层析法（色谱法）是一种物理的分离方法。它是利用混合物中各组分物理化学性质的差异，使各组分以不同程度分布在两个相中，其中一个相为固定的（称为固定相），另一个相则流过此相（称为流动相）并使各组分以不同速度移动，从而实现分离。层析法是近代生物化学最常用的分析方法之一，运用这种方法可以分离性质极为相似，但用一般化学方法难以分离的各种化合物，如各种氨基酸、核苷酸、糖、蛋白质等。

　　用滤纸为惰性支持物进行层析的方法，称为纸层析法。滤纸纤维上的羟基具有亲水性,吸附一层水作为固定相,有机溶剂为流动相。当有机相流经固定相时,物质在两相间不断分配而得到分离。纸层析所用的展层溶剂大多由水和有机溶剂组成。将样品点在滤纸上,进行展层,样品中的各种氨基酸在两相溶剂中不断进行分配。由于它们的分配系数不同,不同氨基酸随流动相移动的速率就不同,于是就将这些氨基酸分离开来,形成距原点距离不等的层析点。溶质在滤纸上的移动速率用 R_f 表示:

$$R_f=原点到层析点中心的距离/原点到溶剂前沿的距离$$

只要条件不变,R_f 是常数,就可以 R_f 值作为定性依据。各种氨基酸的标准 R_f 值见表2.1。

表 2.1　各种氨基酸的标准 R_f 值

氨基酸	标准 R_f 值		氨基酸	标准 R_f 值	
	第一相(酸相)	第二相(碱相)		第一相(酸相)	第二相(碱相)
天冬氨酸	0.27	0.01	甲硫氨酸	0.64	0.31
谷氨酸	0.35	0.01	缬氨酸	0.67	0.32
赖氨酸	0.12	0.03	色氨酸	0.64	0.48
精氨酸	0.15	0.05	异亮氨酸	0.77	0.52
组氨酸	0.11	0.10	亮氨酸	0.79	0.57
甘氨酸	0.30	0.06	苯丙氨酸	0.73	0.58
羟丁氨酸	0.37	0.10	胱氨酸	0.08	0.02
γ-氨基丁酸	0.46	0.08	丝氨酸	0.28	0.06
丙氨酸	0.47	0.14	脯氨酸	0.48	0.16
酪氨酸	0.25	0.23			

 实验试剂与器材

1. 试剂

0.5%标准氨基酸溶液(亮氨酸、脯氨酸、谷氨酸和组氨酸)、氨基酸混合液、酸相展开剂(正丁醇:88%甲酸:水=15:3:2,V/V)、0.1%茚三酮正丁醇水饱和溶液显色液。

2. 仪器与用具

通风橱、烘箱、电吹风、层析滤纸、烧杯、剪刀、层析缸、点样毛细管、层析喷雾器、直尺、铅笔。

 实验方法

1. 点样

在滤纸一边 2cm 处画线,在线上等距离画 6 个点,毛细管分别吸取样品和标准溶液(约 2cm 高)点样,直径小于 0.5cm,电吹风吹干,重复一次。干燥后将滤纸卷成圆形，缝合或黏合滤纸，注意两边缘不能接触。

2．层析

将酸相展开剂导入层析缸中（高度约 1cm），将滤纸垂直放置在层析缸中，盖紧缸盖。层析至 2/3～3/4 处时取出滤纸，电吹风吹干，画前沿线。

3．显色

将滤纸置于通风橱内，用层析喷雾器将显色液均匀喷至滤纸上，电吹风热风吹干，可见彩色斑点。用铅笔将层析点圈出，测定其 R_f 值。

4．数据记录和处理

（1）计算出每种标准氨基酸的 R_f 值。

（2）计算出混合氨基酸的 R_f 值。

（3）对照标准氨基酸的 R_f 值，指出氨基酸的名称。

注意事项：

（1）层析缸中展开剂的高度不能超过 2cm。

（2）点样时，样品直径不能大于 3mm。

 思考题

（1）影响 R_f 值的因素有哪些？

（2）哪种氨基酸与茚三酮反应产生黄色物质？为什么？

（3）实验中，标准氨基酸的作用是什么？

实验二　蛋白质的颜色反应

 实验目的

掌握鉴定蛋白质的原理与方法。

 实验原理

蛋白质分子中的某种或某些基团与显色剂作用，可产生特定的颜色反应，不同蛋白质所含氨基酸不完全相同，颜色反应也不同。颜色反应不是蛋白质的专一反应，一些非蛋白质物质也可产生相同的颜色反应，因此不能仅根据颜色反应的结果来判定被测物是否是蛋白质。颜色反应是一些常用蛋白质定量测定的依据。

双缩脲反应：将尿素加热，两分子尿素产生一分子氨而形成双缩脲。双缩脲在碱性环境中，能与 Cu^{2+} 结合成红紫色的络合物，此反应称为双缩脲反应。蛋白质分子中含有的肽键与双缩脲结构相似，故能呈此反应。

黄色反应：蛋白质分子中含有苯环结构的氨基酸（如酪氨酸、色氨酸等），遇硝酸可硝化成黄色物质，此物质在碱性环境中变为黄色的硝苯衍生物。

茚三酮反应：蛋白质与茚三酮共热，则产生蓝紫色的还原茚三酮、茚三酮和氨的缩合物。茚三酮反应分为两步：第一步是氨基酸被氧化形成 CO_2、NH_3 和醛，水合茚三酮被还原成还原型茚三酮；第二步是所形成的还原型茚三酮与另一个水合茚三酮分子和氨缩合成有色物质。此反应为一切蛋白质及 α-氨基酸所共有。含氨基酸的其他物质也呈此反应。

 ## 实验试剂与器材

1. 试剂

鸡卵清白蛋白或牛血清白蛋白溶液（1mg/mL）、0.1%茚三酮（95%乙醇配制）、尿素、10%NaOH、浓硝酸、1% $CuSO_4$ 溶液、石蕊试纸。

2. 器材用具

滴管、试管、试管夹、酒精灯。

 ## 实验方法

1. 双缩脲反应

（1）取少许结晶尿素放在干燥试管中，微火加热，尿素熔化并形成双缩脲，产生的氨可用红色石蕊试纸试之。至试管内有白色固体出现时，停止加热，冷却。然后加10%NaOH 溶液 1mL 摇匀，再加 2 滴 1% $CuSO_4$ 溶液，混匀，观察有无紫色出现。

（2）另取一支试管，加蛋白质（鸡卵清白蛋白或牛血清白蛋白）溶液 10 滴，再加 10%NaOH 溶液 10 滴及 1% $CuSO_4$ 溶液 2 滴，混匀，观察是否出现紫玫瑰色。

2. 黄色反应

取一支试管，加入蛋白质（鸡卵清白蛋白或牛血清白蛋白）溶液 10 滴及浓硝酸 3～4 滴，加热，冷却后再加 10%NaOH 溶液 5 滴，观察颜色变化。

3. 茚三酮反应

取 1mL 蛋白质（鸡卵清白蛋白或牛血清白蛋白）溶液置于试管中，加 2 滴茚三酮，加热至沸腾，观察是否出现蓝紫色。

 ## 思考题

如果某种蛋白质具有双缩脲反应和黄色反应，且可与茚三酮反应呈现黄色，那么该蛋白质的氨基酸组成中最可能存在哪几种氨基酸？

实验三　蛋白质的沉淀反应

 ## 实验目的

熟悉蛋白质多种沉淀反应的原理，进一步掌握蛋白质的相关性质。

实验原理

多数蛋白质是亲水胶体，当其稳定因素被破坏或与某些试剂结合成不溶解的盐后，即产生沉淀。蛋白质的沉淀反应可分为两类。①可逆的沉淀反应：此时蛋白质分子的结构尚未发生显著变化，除去引起沉淀的因素后，蛋白质的沉淀仍能溶解于原来的溶剂中，并保持其天然性质而不变性，如大多数蛋白质的盐析作用或在低温下用乙醇（或丙酮）短时间作用于蛋白质。提纯蛋白质时，常利用此类反应。②不可逆沉淀反应：此时蛋白质分子内部结构发生重大改变，蛋白质常变性而沉淀，不再溶于原来溶剂中。加热引起的蛋白质沉淀与凝固、蛋白质与重金属离子或某些有机酸的反应都属于此类。蛋白质变性后，有时由于维持溶液稳定的条件仍然存在（如电荷），并不析出。因此变性蛋白质并不一定都表现为沉淀，而沉淀的蛋白质也未必都已变性。蛋白质盐析作用：向蛋白质溶液中加入中性盐至一定浓度，蛋白质即沉淀析出，这种作用称为盐析。乙醇沉淀蛋白质：乙醇为脱水剂，能破坏蛋白质质点的水化层使其沉淀出来。重金属盐沉淀蛋白质：蛋白质与重金属离子结合成不溶性盐类而沉淀。

 实验试剂与器材

1. 试剂

蛋白质溶液（鸡卵清白蛋白或牛血清白蛋白，1mg/mL）、饱和硫酸铵溶液、95%乙醇、NaCl、1%醋酸铅、5%鞣酸溶液、1% GuSO$_4$溶液、饱和苦味酸溶液、1%醋酸溶液。

2. 用具

试管、吸管。

 实验方法

1. 蛋白质盐析作用

取 5mL 蛋白质溶液，加入等量饱和硫酸铵溶液，微微摇动试管，使溶液混合，静置几分钟，球蛋白即析出。

2. 乙醇沉淀蛋白质

取蛋白质溶液 1mL，加晶体 NaCl 少许，待溶解后再加入 95%乙醇 2mL，混匀。观察有无沉淀析出。

3. 重金属盐沉淀蛋白质

取 2 支试管，各加蛋白质溶液 2mL，一管内滴加 1%醋酸铅溶液，另一管内滴加 1%CuSO$_4$溶液，至有沉淀生成。

4. 生物碱试剂沉淀蛋白质

取 2 支试管各加 2mL 蛋白质溶液及 1%醋酸溶液 4~5 滴，向一管中加 5%鞣酸溶液数滴，另一管内加饱和苦味酸溶液数滴，观察结果。

思考题

当我们不小心接触到少量泄露的水银后，经常会饮用牛奶，请解释原因。

实验四　考马斯亮蓝法检测蛋白质含量

实验目的

（1）掌握考马斯亮蓝法检测蛋白质含量的原理和方法。

（2）了解其他蛋白质定量检测方法的基本原理和优缺点。

实验原理

　　蛋白质的定量检测是生物化学研究中常用的一种分析检测方法，其主要包括凯氏定氮法、紫外吸收法、双缩脲法（Biuret 法）、Folin 酚试剂法（Lowry 法）、二喹啉甲酸（BCA）法和考马斯亮蓝染料结合比色法（Bradford 法）。然而，这些检测方法并不适用于所有种类的蛋白质定量检测。在选择检测方法时，需根据蛋白质的性质、检测方法的灵敏度、溶液中可能存在的干扰物质以及检测耗费的时间等综合考虑。例如，凯氏定氮法的干扰因素较少，但其灵敏度较低且耗时过长（8～10h）；紫外吸收法检测较快（5～10min），但其检测主要依赖于蛋白质中芳香族氨基酸——酪氨酸、色氨酸和苯丙氨酸的含量，并不适合所有蛋白质，且易受核苷酸的影响；双缩脲法抗干扰能力较差且灵敏度低；Folin 酚法检测灵敏度较高（检测限为 5μg），但易受 Tris 缓冲液、甘氨酸和硫酸铵等的影响，且对反应时间要求较为严格；二喹啉甲酸法与 Folin 酚法检测原理类似，但其操作更为简便且灵敏度高，所形成的颜色反应物较稳定，受干扰物质影响较小，是近年来最为常用的一种检测方法；考马斯亮蓝法是近年来另外一种最为常用的分析检测方法。

　　考马斯亮蓝法测定蛋白质含量属于染料结合法的一种，其检测原理为：考马斯亮蓝在游离状态下，其最大光吸收峰在 465nm；其与蛋白质结合后变为青色，蛋白质-色素结合物在 595nm 波长下有最大光吸收。其光吸收值与蛋白质含量成正比，因此可用于蛋白质的定量测定。蛋白质与考马斯亮蓝结合在 2min 左右达到平衡，完成反应十分迅速；其结合物在室温下 1h 内保持稳定。该法试剂配制简单，操作简便快捷，反应非常灵敏，灵敏度比 Lowry 法还高 4 倍，可检测含量低至 1～5μg 的蛋白质。

　　在进行纳米生物学研究过程中，蛋白质与纳米材料的相互作用是纳米生物界研究中的一个重要方向。然而，需要注意的是，某些纳米材料可能在某个波长范围内有吸收，如金纳米材料在 500～600nm 范围内有吸收，在用考马斯亮蓝法进行定量检测时，溶液中残留的金纳米材料可能造成干扰。因此，在研究蛋白质与纳米材料的相互作用时，需要综合考虑各方面因素，选择合适的定量分析方法。

实验试剂与器材

1. 试剂

牛血清白蛋白（BSA）标准品、磷酸盐缓冲液（pH7.4）、磷酸、考马斯亮蓝（G250）。

2. 仪器与用具

紫外分光光度计、精密天平等。

 实验方法

1. BSA 标准品浓度梯度的配制

利用精密天平称取适量 BSA 标准品，溶于磷酸盐缓冲液（pH7.4），使其终浓度为 1000μg/mL，如图 2.1 所示，用磷酸盐缓冲液进行梯度稀释，终浓度分别为500μg/mL、250μg/mL、125μg/mL、62.5μg/mL、31.25μg/mL 和 15.625μg/mL。

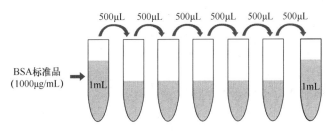

图 2.1　BSA 标准品梯度稀释示意图

2. 考马斯亮蓝溶液的配制

利用精密天平称取 10mg 考马斯亮蓝，将其溶于 5mL 95%乙醇中，之后加入 10mL磷酸，定容至 100mL，备用。

3. 蛋白质样品的制备

取未知浓度的蛋白质样品，用磷酸盐缓冲液进行适度稀释，如 2 倍、5 倍和 10倍稀释。

4. 检测

（1）分别吸取 0.2mL 磷酸盐缓冲液、不同浓度梯度的 BSA 标准品溶液和蛋白质样品，加至 1.5mL 离心管中；分别加入 1mL 考马斯亮蓝溶液，混合均匀，室温下静置 2min。

（2）分别取适量反应液，加入紫外分光光度计样品池中。于 595nm 检测样品的吸光度，根据标准品的浓度梯度绘制标准曲线，从而计算蛋白质样品的实际浓度。

 思考题

（1）除了 Bradford 法，还有哪些方法可用于蛋白质定量检测？比较其优缺点。

（2）实验中吸取单纯的磷酸盐缓冲液进行检测的目的是什么？

实验五　聚丙烯酰胺凝胶电泳技术

实验目的

掌握聚丙烯酰胺凝胶电泳技术的实验原理和基本操作方法。

实验原理

十二烷基硫酸钠-聚丙烯酰胺凝胶电泳（SDS-PAGE）技术是一种基于蛋白质在电流下的移动能力差异对其进行分离的技术，与蛋白质多肽链的长度或分子质量相关。主要通过加入 SDS 去污剂破坏蛋白质的二级、三级甚至四级结构，使得蛋白质变性；同时，SDS 按照一定比例与蛋白质结合（1 个 SDS 分子可与 2 个氨基酸结合），使得蛋白质表面呈现大量负电荷，从而消除了不同蛋白质原有电荷量的差异；由于分子质量大小不同，蛋白质迁移速度有所不同。由于糖基化的蛋白质迁移更多是取决于它们的多肽链而不是连接糖的分子质量，它们一般不会根据预计的分子质量迁移（Sambrook et al., 1989）。聚丙烯酰胺凝胶为网状结构，具有分子筛效应。它有两种电泳形式：非变性聚丙烯酰胺凝胶电泳（native-PAGE）和 SDS-聚丙烯酰胺凝胶电泳（SDS-PAGE）。对于非变性聚丙烯酰胺凝胶电泳，在电泳的过程中，蛋白质能够保持完整状态，并依据蛋白质的分子质量大小、蛋白质的形状及其所附带的电荷量而逐渐呈梯度分开。而 SDS-PAGE 仅根据蛋白质亚基分子质量的不同就可以将其分开。该技术最初由 Shapiro 于 1967 年建立，他发现在样品介质和丙烯酰胺凝胶中加入离子去污剂和强还原剂 SDS（即十二烷基硫酸钠）后，蛋白质亚基的电泳迁移率主要取决于亚基分子质量的大小（可以忽略电荷因素）。

聚丙烯酰胺凝胶由单体丙烯酰胺和甲叉双丙烯酰胺聚合而成，聚合过程由自由基催化完成。催化聚合的常用方法有两种：化学聚合法和光聚合法。化学聚合以过硫酸铵（ammonium persulfate, AP）为催化剂，以四甲基乙二胺（tetramethylethylenediamine, TEMED）为加速剂。在聚合过程中，TEMED 催化过硫酸铵产生自由基，后者引发丙烯酰胺单体聚合，同时甲叉双丙烯酰胺与丙烯酰胺链间产生甲叉键交联，从而形成三维网状结构。根据其有无浓缩效应，分为连续系统和不连续系统两大类。连续系统电泳体系中缓冲液 pH 及凝胶浓度相同，带电颗粒在电场作用下，主要靠电荷效应和分子筛效应，逐渐分离开来。不连续系统中由于缓冲液离子成分、pH、凝胶浓度及电位梯度的不连续性，带电颗粒在电场中泳动不仅有电荷效应、分子筛效应，还具有浓缩效应，因而其分离条带清晰度及分辨率均较前者更佳。不连续体系由电极缓冲液、浓缩胶及分离胶所组成。浓缩胶是由 AP 催化聚合而成的大孔胶，凝胶缓冲液为 Tris-HCl（pH6.8）。分离胶是由 AP 催化聚合而成的小孔胶，凝胶缓冲液为 Tris-HCl（pH8.8）。电极缓冲液是 Tris-甘氨酸缓冲液（pH8.3）。2 种孔径的凝胶、2

种缓冲体系、3 种 pH 使不连续体系形成了凝胶孔径、pH、缓冲液离子成分的不连续性，这是样品浓缩的主要原因。

　　SDS-PAGE 经常应用于提纯过程中纯度的检测。纯化的蛋白质通常在 SDS 电泳中应只有一条带，但如果蛋白质是由不同的亚基组成的，它在电泳中可能会形成分别对应于各个亚基的几条带。SDS-PAGE 具有较高的灵敏度，一般只需要不到微克量级的蛋白质即可，而且通过电泳还可以同时得到关于分子质量的情况，这些信息对于了解未知蛋白质及设计提纯过程都是非常重要的。

 实验试剂与器材

1. 试剂

　　（1）蛋白质样品、蛋白质分子质量标准（Marker）。

　　（2）30%丙烯酰胺-甲叉双丙烯酰胺凝胶储备液。

　　（3）10%SDS（*m/V*）：10g SDS 加去离子水溶解，定容至 100mL。

　　（4）TEMED（*N，N，N'，N'*-四甲基乙二胺）。

　　（5）10%过硫酸铵：0.1g 过硫酸铵溶于 1mL 去离子水中。分装于 EP 管中，−20℃贮存。

　　（6）1.5mol/L Tris-HCl（pH8.8）：取 18.17g Tris base 置于 100mL 烧杯中，加入约 80mL 去离子水，充分搅拌溶解，加浓盐酸调 pH 至 8.8，定容至 100mL。

　　1.0mol/L Tris-HCl（pH6.8）：取 12.11g Tris base 置于 100mL 烧杯中，加入约 80mL 去离子水，充分搅拌溶解，加浓盐酸调 pH 至 6.8，定容至 100mL。

　　（7）5×电泳缓冲液：Tris 15.1g，甘氨酸 94g，SDS 5g，加去离子水定容至 1L。使用前稀释为 1×电泳缓冲液。

　　5×电泳加样缓冲液：Tris-HCl（pH6.8，1mol/L）1.25mL，SDS 0.5g，溴酚蓝 25mg，甘油 2.5mL，β-巯基乙醇 0.25mL。使用前用去离子水稀释成 1×电泳加样缓冲液。

　　（8）考马斯亮蓝染液：0.25%考马斯亮蓝（coomassie blue G250）溶解于甲醇/醋酸溶液（1∶1，*V/V*），过滤，室温保存。

　　（9）脱色液：冰醋酸 75mL，甲醇 50mL，加蒸馏水定容至 1L。

　　（10）甘油。

2. 仪器与用具

　　离心机、蛋白质电泳仪、摇床、凝胶成像仪、移液枪、烧杯。

 实验方法

1. 配制 10%分离胶（两块胶用 10mL，图 2.2）

　　（1）组分：水 4mL，30%凝胶储备液 3.3mL，1.5mol/L Tris-HCl（pH8.8）2.5mL，10%SDS 0.1mL，10%过硫酸铵 0.1mL，TEMED 4μL。

　　（2）在烧杯内迅速搅拌均匀（TEMED 最后加），用移液枪注入玻璃板间隙中，加入大约 4mL。随后缓慢加入适量去离子水，进行水封。

（3）聚合完成（约 30min）后，倒掉覆盖液体，尽可能用吸水纸吸干顶端残存液体。

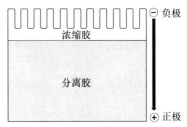

图 2.2　分离胶与浓缩胶的配制

2. 配制 5%浓缩胶（两块胶用 4mL，图 2.2）

（1）组分：水 2.8mL，30%凝胶储备液 0.66mL，1.0mol/L Tris-HCl（pH6.8）0.5mL，10%SDS 0.04mL，10%过硫酸铵 0.04mL，TEMED 4μL。

（2）在烧杯内迅速搅拌均匀（TEMED 最后加），注入玻璃板内，在分离胶的顶部。平稳插入梳子，室温下静置一段时间（约 30min）。

3. 装电泳槽

在浓缩胶聚合完成（约 30min）后，用去离子水冲洗梳孔以除去未聚合的丙烯酰胺，将凝胶放入电泳槽。上下槽均加入 1×电泳缓冲液，检查是否漏液（上槽中加入新鲜配制的电泳缓冲液，下槽中可加入以前实验用过的电泳缓冲液，节约试剂）。

4. 样品处理

在浓缩胶聚合的同时，样品与加样缓冲液混匀，100℃加热 5min，然后 13 000r/min 离心 15min，取上清液备用。

5. 上样

按次序缓慢上样，尽量避免产生气泡，不同样品用 1×加样缓冲液调成一致的上样体积。

6. 电泳

浓缩胶电压为 80～90V，染料进入分离胶后，将电压增加到 120V，继续电泳直到染料抵达分离胶底部，断开电源。注：在电泳槽的底部有一条金属丝，清洗时注意不要损坏；在电泳槽正常工作情况下，会有气泡产生，电泳开始一段时间后样品浓缩成一个窄带（图 2.3），此时方可离开进行其他实验。

7. 染色

电泳结束后，切除浓缩胶，取出凝胶用至少 5 倍体积的考马斯亮蓝染色液浸泡，放摇床上室温缓慢旋转 3～4h。

8. 脱色

换掉并回收染液，用去离子水洗去多余的染色液。用脱色液浸泡凝胶，缓慢摇动 4～8h 进行脱色，其间换液 3～4 次，直到凝胶的背景很淡为止。

9. 观察结果

利用凝胶成像仪对脱色后的凝胶拍照（图 2.4），之后可用封闭塑料袋在含 20%甘油的水中长期保存。

注意事项：上样时，每孔中蛋白质的上样量要适中，显色后条带过淡或过浓均需要调整上样量重新进行电泳。上样量一般在微克量级，需要根据样品的具体情况进行适当调整。

图 2.3　蛋白质电泳装置

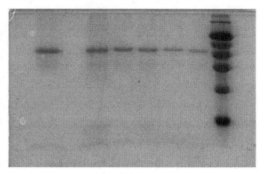
图 2.4　SDS-PAGE 凝胶成像图

 思考题

（1）在装配玻璃板、制胶过程中，需要注意哪些地方？

（2）如果要分离一种蛋白质，同时将对其结构进行后续研究，应该选择哪种蛋白质电泳技术？

实验六　不同种类氧化石墨烯衍生物对蛋白质的吸附能力比较

 实验目的

（1）理解表面化学性质对纳米材料与蛋白质相互作用的影响。

（2）掌握研究纳米材料与蛋白质相互作用的基本方法。

 实验原理

生物机体由多种细胞、组织或器官及体液组成，"神经-体液-免疫调节"在维持机体稳态过程中发挥着关键作用。随着纳米科学与技术的飞速发展，人类在日常生活中将会接触到越来越多的纳米材料。纳米材料主要通过血液循环系统、皮肤、呼吸道和消化道等途径进入机体，并与机体发生相互作用。当纳米材料进入机体后，其首先将与机体中的蛋白质发生相互作用，并在纳米材料表面形成"蛋白质冠"（protein corona）结构。这层蛋白质冠结构改变了纳米材料的尺寸、极性和表面化学性质，并进一步改变了纳米材料与机体的相互作用关系。因此，研究纳米材料与蛋白质的相互作用关系，对于我们更加科学、准确地理解纳米材料的生物学效应，拓宽其在生物医学领域的潜在应用，并最终实现其在临床上的广泛使用具有重要的指导意义和应用价值。

大量研究表明，纳米材料的粒径、形貌和表面化学性质等对其生物学效应具有

重要影响。作为其中一种"明星材料"，近年来，氧化石墨烯（graphene oxide，GO）凭借其独特的理化特性如较大的表面积、易于进行加工修饰等，在生物医学领域如药物/基因载体、生物成像、疫苗载体和肿瘤光热治疗等显示出良好的应用前景。研究表明，表面化学性质直接决定着功能化氧化石墨烯与蛋白质、免疫细胞的相互作用。

　　聚乙二醇（polyethylene glycol，PEG）修饰是提高纳米材料稳定性、延长其在机体中的循环时间、降低其潜在毒副作用的最常用的功能化修饰策略。同时，由于多数生物分子如蛋白质和 DNA 等在正常生理环境下显示负电性，聚乙烯亚胺（polyethylenimine，PEI）常用来修饰纳米材料，从而增加其与生物分子和细胞的相互作用。因此，本实验将以氧化石墨烯 GO 及其不同种类衍生物如 GO-PEG 和 GO-PEG-PEI 为对象，利用蛋白质定量检测和蛋白质电泳两种方法，研究表面化学性质对其与蛋白质（牛血清白蛋白）相互作用的影响。

 ## 实验试剂与器材

1. 材料

氧化石墨烯及其衍生物：GO、GO-PEG、GO-PEG-PEI。

2. 试剂

（1）牛血清白蛋白（bovine serum albumin，BSA）、蛋白质分子质量标准及 BCA 蛋白定量检测试剂盒。

（2）30%丙烯酰胺-甲叉双丙烯酰胺凝胶储备液。

（3）电泳用试剂：10% SDS（m/V）、TEMED、10%过硫酸铵、1.5mol/L Tris-HCl（pH8.8）、1.0mol/L Tris-HCl（pH6.8）、5×电泳缓冲液、5×电泳加样缓冲液、甲醇/醋酸溶液、考马斯亮蓝染液、脱色液等，具体配制方法见本章实验五"聚丙烯酰胺凝胶电泳技术"。

3. 仪器与用具

紫外分光光度计、蛋白质电泳仪、凝胶成像仪、高速离心机、100kDa 超滤管。

 ## 实验方法

（1）以氧化石墨烯的浓度为准，利用去离子水，分别配制 GO、GO-PEG 和 GO-PEG-PEI 三种氧化石墨及其烯衍生物的水溶液（500μg/mL）；同时，利用去离子水配制浓度为 250μg/mL 的 BSA 水溶液。

（2）将 BSA 水溶液与同体积、不同种类的氧化石墨烯及其衍生物溶液等体积混合，立即混匀，之后室温下静置孵育 20～30min；同时，分别将 BSA 水溶液、氧化石墨烯衍生物与同体积的去离子水混匀，作为对照。

（3）分别将上述混合物加至 100kDa 超滤管中，4000r/min 离心 20min，收集离心管底部液体于干净离心管中，并利用 BCA 蛋白定量检测试剂盒检测游离蛋白质的含量，并用如下公式计算吸附率。

吸附率（%）＝（总蛋白质含量－游离蛋白质含量）/总蛋白质含量×100

比较不同氧化石墨烯衍生物对 BSA 的吸附效率。

BCA 蛋白定量检测试剂盒的具体使用方法如下：①参照本章实验四"考马斯亮蓝法检测蛋白质含量"中所述方法，将试剂盒中的 BSA 标准品储存液进行梯度稀释；同时，将离心后获取的游离蛋白质样品进行梯度稀释，一般 3 个梯度即可。②根据样品数量，将试剂盒中的试剂 A 与试剂 B 按照体积比 50∶1 混合均匀作显色液（混合时可见浑浊产生，混匀后浑浊立即消失，得到绿色澄清工作液）。③按照体积比 1∶20 将稀释后的样品与上述工作液混合均匀，置于 37℃水浴锅中，反应 30min（检测范围为 20～2000μg/mL）；如果样品中蛋白质含量较少，可采用增强检测方案（60℃，30min，检测范围为 5～250μg/mL）。④将反应样品取出，静置冷却至室温；利用紫外分光光度计在 562nm 处检测其吸光度，最后根据 BSA 蛋白的标准曲线计算样品中游离蛋白质的含量，确定不同种类氧化石墨烯衍生物的蛋白吸附能力。

（4）同时，可分别取步骤（3）中同体积（如 20μL）的适量离心液，按照本章实验五 SDS-PAGE 电泳技术步骤，上样，进行蛋白质电泳，比较各组的条带亮度，从而确定不同表面化学性质对氧化石墨烯衍生物吸附蛋白质的影响。

注意事项：在进行 BCA 蛋白定量检测时，需要准备阴性对照样品，即空白稀释液与显色液（试剂 A＋试剂 B）的混合液。

 思考题

（1）实验步骤中，分别将 BSA 水溶液、氧化石墨烯衍生物与同体积的去离子水混匀的作用是什么？

（2）BCA 蛋白定量检测时，设置阴性对照的目的是什么？为什么稀释样品时要设置 3 个浓度梯度？

 课外推荐阅读

Ge C C, Du J F, Zhao L, et al. 2011. Binding of blood proteins to carbon nanotubes reduces cytotoxicity. Proceedings of the National Academy of Sciences of the United States of America, 108: 16968-16973.

Nel E, Mädler L, Velegol D, et al. 2009. Understanding biophysicochemical interactions at the nano-bio interface. Nature Materials, 8: 543-557.

Walczyk D, Bombelli F B, Monopoli M P, et al. 2010. What the cell "sees" in bionanoscience. Journal of the American Chemical Society, 132: 5761-5768.

Walkeyab C D, Chan C W. 2012. Understanding and controlling the interaction of nanomaterials with proteins in a physiological environment. Chemical Society Reviews, 41: 2780-2799.

实验七　糖的颜色反应

 实验目的

（1）了解糖类某些颜色反应的原理。

（2）学习应用糖的颜色反应鉴别糖类的方法。

 实验原理

1．α-萘酚反应（Molisch 反应）

糖在浓无机酸（硫酸、盐酸）作用下，脱水生成糠醛及糠醛衍生物，后者能与α-萘酚生成紫红色物质。因为糠醛及糠醛衍生物对此反应均呈阳性，故此反应不是糖类的特异反应。

$$HC = CH$$
$$HC \quad C-CHO$$
$$O$$

糠醛（呋喃醛）

$$HC = CH$$
$$HOCH_2-C \quad C-CHO$$
$$O$$

糠醛衍生物羟甲基糠醛

2．间苯二酚反应（Seliwanoff 反应）

在酸作用下，酮糖脱水生成羟甲基糠醛，后者再与间苯二酚作用生成红色物质。此反应是酮糖的特异反应。醛糖在同样条件下呈色反应缓慢，只有在糖浓度较高或煮沸时间较长时，才呈微弱的阳性反应。在实验条件下蔗糖有可能水解而呈阳性反应。

 实验试剂与器材

1．试剂

莫氏试剂（5% α-萘酚乙醇溶液）、塞氏试剂（0.05%间苯二酚-盐酸溶液）、1%葡萄糖溶液、1%果糖溶液、1%蔗糖溶液、1%淀粉溶液、0.1%糠醛溶液、浓硫酸。

2．仪器与用具

水浴锅、试管、试管架、滴管。

 实验方法

（1）取 5 支试管，分别加入 1%葡萄糖溶液、1%果糖溶液、1%蔗糖溶液、1%淀粉溶液、0.1%糠醛溶液各 1mL。再向 5 支试管中各加入 2 滴莫氏试剂，充分混合。倾斜试管，沿管壁慢慢加入浓硫酸约 1mL，慢慢立起试管，切勿摇动。浓硫酸在试液下，形成两层。在二液分界处有紫红色环出现。观察、记录各管颜色。

（2）取 3 支试管，分别加入 1%葡萄糖溶液、1%果糖溶液、1%蔗糖溶液各 0.5mL。

再向各管分别加入塞氏试剂 5mL，混匀。将 3 支试管同时放入沸水浴中，注意观察、记录各管颜色的变化及变化时间。

注意事项：在观察记录颜色变化时，需要时刻注意溶液的颜色变化。

思考题

可用何种颜色反应鉴别酮糖的存在？

实验八　卵磷脂的提取与鉴定

实验目的

掌握卵磷脂的提取和鉴定的原理与方法。

实验原理

磷脂分为磷酸甘油酯和鞘氨醇磷脂类，其醇类物质分别为甘油和鞘氨醇。磷脂酰胆碱属磷酸甘油酯，即卵磷脂。卵磷脂是一种在动物、植物中分布极广的磷脂，如植物的种子，动物的卵、脑及神经组织均含有，其中大豆中含量约为 2.0%、卵黄中含量高达 8%～10%。卵磷脂在细胞中以游离态或与蛋白质结合成不稳定的化合物存在，易溶于乙醇、乙醚、氯仿等有机溶剂，不溶于丙酮。本实验采用乙醇提取蛋黄中的卵磷脂。纯卵磷脂为白色的蜡状物，与空气接触后，因结构含不饱和脂肪酸，被氧化后而呈黄色至黄棕色。卵磷脂中的胆碱基在碱性条件下可分解成三甲胺，三甲胺有特异的鱼腥味，利用此性质可鉴别卵磷脂。卵磷脂在生物体中的作用是保持细胞膜的通透性，控制动物体内脂肪代谢，防止脂肪肝的形成。在食品工业中，卵磷脂广泛充当乳化剂、抗氧化剂和营养添加剂。

实验试剂与器材

1. 材料

鸡蛋。

2. 试剂

95%乙醇、10%NaOH 溶液、丙酮。

3. 仪器与用具

电热恒温水浴锅、磁力搅拌器、纱布、平皿、试管、玻棒。

实验方法

1. 卵磷脂的提取

选新鲜鸡蛋一个，轻轻在鸡蛋两头击破一小孔，让蛋清从小孔流出，破壳取出蛋黄置小烧杯内，捣烂，搅拌下加入预热至 50℃的 95%乙醇 60mL，保温提取 5min，冷却过滤，将滤液置于平皿，水浴蒸干，残留物即为卵磷脂。

2．鉴定卵磷脂

1）三甲胺试验　　取少量提取的卵磷脂于试管内，加入 2mL 10%NaOH，混匀，水浴加热，嗅之是否产生鱼腥味。

2）丙酮溶解试验　　加入约 5mL 丙酮于装有卵磷脂提取物的平皿，不断用玻棒搅拌卵磷脂，观察其在丙酮中的溶解情况。这同时也是提纯卵磷脂的过程。

 思考题

向卵磷脂粗品中添加丙酮的作用是什么？可去除何种杂质？

参考文献

韩跃武. 2006. 生物化学实验. 2版. 兰州：兰州大学出版社.

王镜岩，朱圣庚，徐长法. 2002. 生物化学. 3版. 北京：高等教育出版社.

吴相钰，陈守良，葛明德. 2009. 陈阅增普通生物学. 3版. 北京：高等教育出版社.

张蕾，刘昱，蒋达和，等. 2011. 生物化学实验指导. 武汉：武汉大学出版社.

Feng L Z, Yang X Z, Shi X, et al. 2013. Polyethylene glycol and polyethylenimine dual-functionalized nano-graphene oxide for photothermally enhanced gene delivery. Small, 9: 1989-1997.

Jin L L, Yang K, Yao K, et al. 2012 . Functionalized graphene oxide in enzyme engineering: a selective modulator for enzyme activity and thermostability. ACS Nano, 6: 4864-4875.

Liu Y X, Dong X, Chen P. 2012. Biological and chemical sensors based on graphene materials. Chemical Society Reviews, 41:2283-2307.

Nel A, Xia T, Mädler L, et al. 2006. Toxic potential of materials at the nanolevel. Science, 311: 622-627.

Walkeyab C D, Chan W C W. 2012. Understanding and controlling the interaction of nanomaterials with proteins in a physiological environment. Chemical Society Reviews, 41: 2780-2799.

Xu L G, Liu Y, Bai R, et al. 2010. Applications and toxicological issues surrounding nanotechnology in the food industry. Pure and Applied Chemistry, 82: 349-372.

Xu L G, Xiang J, Liu Y, et al. 2016. Functionalized graphene oxide serves as a novel vaccine nano-adjuvant for robust stimulation of cellular immunity. Nanosclae, 8: 3785-3795.

Yang K, Feng L Z, Hong H, et al. 2013. Preparation and functionalization of graphene nanocomposites for biomedical applications. Nature Protocols, 8: 2392-2403.

Yang K, Hu L L, Ma X X, et al. 2012. Multimodal imaging guided photothermal therapy using functionalized graphene nanosheets anchored with magnetic nanoparticles. Advanced Materials, 24: 1868-1872.

第三章

纳米生物学交叉实验之
分子生物学篇

分子生物学的出现和不断发展，为人类认知生命活动、揭示和理解疾病的发生发展规律、开发疾病诊断和治疗的分子靶标提供了有力工具。随着纳米科学技术的飞速发展，全面、科学、准确地理解纳米材料与生物体的相互作用，揭示纳米材料生物学效应的潜在作用机制，成为推动纳米材料未来应用于临床的关键。毫无疑问，分子生物学技术与纳米科学技术的有机结合将为我们解决上述关键科学问题提供重要信息。本章将首先介绍分子生物学研究中常用的基本实验技术，包括动物肝脏 DNA 的提取、氯化钙法制备感受态大肠杆菌、感受态细菌的转化、质粒 DNA 的提取与琼脂糖凝胶电泳实验、引物设计、信使 RNA 提取与互补 DNA 的获取（RNA 反转录）、聚合酶链式反应（polymerase chain reaction，PCR）扩增目的基因等，在学生理解和掌握上述基本实验原理和操作技能后，设立"不同种类金纳米材料对质粒 DNA 的吸附能力比较"和"不同种类纳米材料的基因转染能力评价"两个纳米生物学交叉实验，使学生初步了解纳米生物医学研究中的常规实验技术，学习实验设计的基本原则。

实验一 动物肝脏 DNA 的提取

实验目的

了解分离提取 DNA 的一般原理，掌握从动物肝脏中提取 DNA 的方法。

实验原理

在浓氯化钠溶液（1～2mol/L）中，脱氧核糖核蛋白的溶解度很大，核糖核蛋白的溶解度很小。在稀氯化钠溶液（0.14mol/L）中，脱氧核糖核蛋白的溶解度很小，核糖核蛋白的溶解度很大。因此，可利用不同浓度的氯化钠溶液，将脱氧核糖核蛋白和核糖核蛋白从样品中分别抽提出来。

将抽提得到的核蛋白用 SDS（十二烷基磺酸钠）处理，DNA（或 RNA）即与蛋白质分开，可用氯仿-异丙醇（异戊醇）将蛋白质沉淀除去，而 DNA 则溶解于溶液中。向溶液中加入适量乙醇，DNA 即析出。为了防止 DNA（或 RNA）酶解，提取时需添加乙二胺四乙酸（ethy-lenediamine tetracetic acid，EDTA）螯合核酸酶使其失去活性。

实验试剂与器材

1. 材料

小鼠肝脏。

2. 试剂

5mol/L NaCl 溶液、0.14mol/L NaCl-0.10mol/L EDTA-2Na 溶液、Tris-EDTA 缓冲液、氯仿、异丙醇。

3. 仪器与用具

组织匀浆器、离心机、真空干燥器、剪刀、吸管、量筒、烧杯、水浴锅、纱布、玻棒。

 实验方法

（1）取肝脏 5g，用适量 0.14mol/L NaCl-0.10mol/L EDTA-2Na 溶液洗去血液，剪碎，加入 10mL 0.14mol/L NaCl-0.10mol/L EDTA-2Na 溶液，置匀浆器研磨，研磨一定要充分，待研成糊状后，用单层纱布滤去残渣，将滤液离心 10min（4000r/min）。弃去上清液，沉淀用 0.14mol/L NaCl-0.10mol/L EDTA-2Na 溶液洗 2～3 次。所得沉淀为脱氧核糖核蛋白粗制品。

（2）向上述沉淀物加入 0.14mol/L NaCl-0.10mol/L EDTA-2Na 溶液，使总体积为 7.4mL，然后滴加 25%SDS 溶液 0.6mL，边加边搅拌。之后，置 60℃水浴保温 10min（不停搅拌），溶液变得黏稠并略透明，取出冷却至室温。这一步主要是使核酸与蛋白质分离。

（3）加入 5mol/L NaCl 溶液 2mL，使 NaCl 终浓度达到 1mol/L，搅拌 10min，加入等体积的氯仿-异丙醇混合液（24：1，V/V），振摇 10min，静置分层，上层为水相（DNA 钠盐），中间层为变性的蛋白质沉淀，下层为有机相。小心吸取上层水相，再在相同条件下重复抽提 2～3 次。

（4）小心吸取上层水相于小烧杯中，缓缓加入 1.5～2 倍体积预冷的 95%乙醇，DNA 沉淀即析出，用玻棒顺着一个方向慢慢搅动，则 DNA 丝状物即缠在玻棒上。

（5）取出 DNA 丝状物，室温放置 10～15min，之后取 1mL Tris-EDTA 缓冲液溶解 DNA，低温保存。

 思考题

（1）在提取过程中，如何避免 DNA 的降解？

（2）提取过程中，去除杂蛋白的方法主要有哪些？

实验二　氯化钙法制备感受态大肠杆菌

实验目的

掌握氯化钙法制备感受态大肠杆菌的原理和操作方法。

实验原理

细菌处于容易吸收外源 DNA 的状态称为感受态。它是由受体菌的遗传性状决定的，同时也受菌龄、外界环境因素的影响，细胞的感受态一般出现在对数生长期，这是制备感受态细胞和进行成功转化的关键。目前常用于制备感受态细胞的方法是 $CaCl_2$ 法，该法最先是由 Cohen 于 1972 年发现的。其原理是细菌（大肠杆菌，图 3.1）处于 0℃、$CaCl_2$ 的低渗溶液中，细菌细胞膨胀成球形，转化混合物中的 DNA 形成抗 DNase 的羟基-钙磷酸复合物黏附于细胞表面，细胞成为容易吸收外源 DNA 的状态。

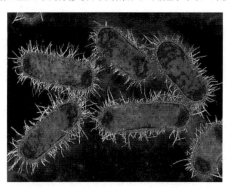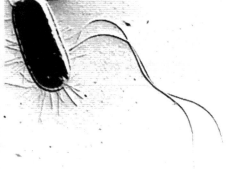

图 3.1　大肠杆菌形态图

实验试剂与器材

1. 材料

大肠杆菌 DH5α。

2. 试剂

（1）LB 培养基：胰蛋白胨 10g、酵母提取物 5g、NaCl 10g，加 200mL 去离子水搅拌完全溶解，用约 200μL 5mol/L NaOH 调 pH 至 7.0，加去离子水至 1L，121℃灭菌 20min。

（2）0.1mol/L $CaCl_2$ 溶液：121℃灭菌 20min 后存放在冰箱。

（3）甘油、无菌水。

4. 仪器与用具

恒温摇床、涡旋振荡器、微量移液器、台式冷冻离心机、紫外分光光度计、超净工作台、-80℃超低温冰柜、酒精灯、接种环、试管、离心管。

 实验方法

（1）取一支无菌的摇菌试管，在超净工作台中加入 2mL LB 培养基（不含抗生素）。从-80℃冰柜中取出 DH5α 菌种，放置在冰上。在超净工作台中用灼烧过的接种环插入冻结的菌中，然后接入含 2mL LB 培养基的试管中，37℃条件下 255r/min 摇床培养过夜。

（2）在超净工作台中取 0.2mL 上述菌液转接到 20mL LB 液体培养基中，37℃条件下 255r/min，摇床培养 2～3h。

（3）取少量菌液测定 OD_{600nm}，OD_{600nm} 为 0.375 时停止培养（OD_{600nm}＜0.4～0.6，细胞数＜10^8/mL，此为关键参数）。以下操作除离心外，都在超净工作台中进行。

（4）将菌液于冰上放置 10min，然后于 4℃，4000r/min 离心 10min 回收细胞。

（5）弃上清液，并将离心管倒置以倒尽上清液。加入 30mL 冰冷的 0.1mol/L $CaCl_2$ 溶液，立即在涡旋混合器上混匀，于冰上放置 30min。

（6）4℃，4000r/min 离心 10min。倒置离心管尽量除去上清液，用 0.8mL 冰冷的 0.1mol/L $CaCl_2$ 溶液重悬细菌，之后再加入 2mL 冰冷的含 10%甘油的 $CaCl_2$ 溶液，按每管 50μL 分装到 0.5mL 的无菌微量离心管中。

（7）分装好的感受态菌可以直接用作转化实验，或立即放入-80℃超低温冰柜中保存（可存放数月）。

 思考题

（1）制作感受态细菌的过程中，应注意哪些关键步骤？
（2）$CaCl_2$ 溶液的作用是什么？为什么要冰冷的？

实验三　感受态细菌的转化

 实验目的

掌握用质粒 DNA 转化感受态受细菌的基本操作。

 实验原理

转化是指将质粒 DNA 或以它为载体构建的重组子导入细菌的过程。质粒 DNA 黏附在细菌表面，经过 42℃短时间的热休克处理，促进细胞吸收 DNA 复合物。将细菌放置在非选择性培养基中保温一段时间，待质粒上所带的抗生素基因表达，就可以在含抗生素的培养基中筛选。如果转化成功，获得外源质粒的受体菌能够依靠质粒上的抗生素抗性基因在选择平板培养基上生长，没有获得外源质粒的菌体将被抗生素杀死。

 实验试剂与器材

1. 试剂

（1）LB 培养基：胰蛋白胨 10g、酵母提取物 5g、NaCl 10g，加 200mL 去离子水搅拌至完全溶解，用 5mol/L NaOH 调 pH 至 7.0，加去离子水至 1L，121℃灭菌 20min。

（2）卡那霉素储存液：用无菌水配制成 100mg/mL，每管 200μL 分装到 0.5mL 微量离心管中，−20℃保存。

（3）LB 平板培养基：LB 培养基中加入 12%琼脂，高压灭菌（121℃，20min）后，冷却至 60℃以下即可加入卡那霉素（工作浓度 100μg/mL），每个培养皿中约 15mL，凝固后倒置平板。

（4）感受态细菌，增强型绿色荧光蛋白质粒 DNA（plasmid enhanced green protein，pEGFP，100μg/mL）溶液。

2. 仪器与用具

微量移液器、金属浴、恒温摇床、超净工作台、离心机、酒精灯、玻璃涂布器、恒温培养箱、细菌培养皿。

 实验方法

（1）从−80℃超低温冰柜中取出一管（50μL）感受态细菌，置于冰上 5～10min。

（2）向菌液中加入 5μL pEGFP 溶液，轻轻振荡混匀后放置冰上 30min。

（3）将混合物置于 42℃金属浴中 1.5min 进行热休克，然后迅速放回冰中，静置 2min。热休克时间要严格控制，如果时间过长，则对感受态细菌的损伤较大，影响转化效率。

（4）在超净工作台中向上述管中加入 900μL LB 培养基（不含抗生素），轻轻混匀，然后固定到摇床的弹簧架上，37℃振荡 30～45min。

（5）4000r/min 离心 1min，弃上清液，取 20μL LB 培养基重悬细菌，滴至含合适抗生素（卡那霉素）的固体 LB 平板培养皿中。用无菌玻璃涂布器涂抹均匀，做好标记，置于 37℃恒温培养箱中培养过夜。观察平板上长出的菌落克隆，以菌落之间能互相分开为好。由于 pEGFP 质粒 DNA 含有卡那霉素抗性基因，因此，一般情况下，只有摄取了 pEGFP 质粒 DNA 的细菌才能在 LB 平板上生长，形成单菌落。

 思考题

影响转化效率的因素有哪些？

实验四 质粒 DNA 的提取与琼脂糖凝胶电泳

 实验目的

（1）掌握质粒 DNA 提取的基本原理和操作方法。

（2）掌握琼脂糖凝胶电泳分离 DNA 的原理和操作方法。

 实验原理

1. 质粒 DNA 提取——碱裂解法

细菌质粒是一类双链、闭环的 DNA，大小 1～200kb。质粒是存在于细胞质中，独立于细胞染色体之外的自主复制的遗传成分，通常情况下可持续稳定地处于染色体外的游离状态，但在一定条件下也会可逆地整合到寄主染色体上，随着染色体的复制而复制，并通过细胞分裂传递给子代。

质粒已成为目前最常用的基因克隆载体分子，同时可获得大量纯化的质粒 DNA 分子，这为将其应用于生物医学研究奠定了基础。目前已有许多方法可用于质粒 DNA 的提取，本实验采用碱裂解法提取质粒 DNA。碱裂解法是一种应用最为广泛的制备质粒 DNA 的方法，其基本原理为：当菌体在 NaOH 和 SDS 溶液中裂解时，蛋白质与 DNA（染色体 DNA 和质粒 DNA）发生变性，加入中和液后，溶液由碱性变为中性，由于质粒 DNA 分子较小，能够迅速复性，呈溶解状态，离心时留在上清液中；而染色体 DNA 较大难以复性而呈絮状，离心时可沉淀下来。

大肠杆菌（*E. coli*）培养简便且增殖周期短，为获得大量纯化的质粒 DNA 分子提供了重要工具。正常情况下，细菌很难摄取外界分子包括 DNA，而通过改变细菌细胞壁的通透性可以使其大量摄取外源 DNA 分子，此时细菌的状态称为感受态。由于质粒 DNA 中存在针对某种或多种抗生素的抗性基因如氨苄青霉素的抗性基因，使得摄取该质粒的感受态大肠杆菌可以在含有特定抗生素（如氨苄青霉素）的细菌培养基（LB 培养基）中存活，将存活的单克隆细菌继续培养，使其大量增殖直至对数生长期，此时即可进行质粒 DNA 的提取，最终获得大量纯化的质粒 DNA，以便后续研究。

2. 琼脂糖凝胶电泳

在 pH 为 8.0～8.3 时，核酸分子碱基几乎不解离，磷酸全部解离，核酸分子带负电，在电泳时向正极移动。采用适当浓度的凝胶介质作为电泳支持物，在分子筛的作用下，使分子大小和构象不同的核酸分子泳动率出现较大的差异，从而达到分离核酸片段，检测其大小的目的。利用相对于标准 DNA 琼脂糖凝胶电泳的移动度，可测定 DNA 片段的相对分子质量。一般 800bp 以上的 DNA 片段用 0.8% 的琼脂糖凝胶，

800bp 以下的片段用 1%～2% 的琼脂糖凝胶。凝胶电泳不仅可以分离不同相对分子质量的 DNA，也可以分离相对分子质量相同，但构型不同的 DNA 分子。例如，pUC19 质粒有 3 种构型：超螺旋的共价闭合环状质粒 DNA（简称 CCCDNA）；开环质粒 DNA（简称 OCDNA），即共价闭合环状质粒 DNA 的 1 条链断裂；线状质粒 DNA（简称 LDNA），即共价闭合环状质粒 DNA 的 2 条链发生断裂。这 3 种构型的质粒 DNA 分子在凝胶电泳中的迁移速度不同。因此电泳后呈现 3 条带，超螺旋质粒 DNA 泳动最快，其次为线状质粒 DNA，最慢的为开环质粒 DNA。

 ## 实验试剂与器材

1. 试剂

（1）LB 培养基：胰蛋白胨 10g、酵母提取物 5g、NaCl 10g，加 200mL 去离子水，搅拌至完全溶解，用 5mol/L NaOH 调 pH 至 7.0，加去离子水至 1L，于 121℃ 条件下，高压蒸汽灭菌 20min；加卡那霉素。

（2）溶液 A：50mmol/L 葡萄糖、25mmol/L Tris-HCl（pH8.0）、10mmol/L EDTA（pH8.0）。配制方法：1mol/L Tris-HCl（pH8.0）12.5mL、0.5mol/L EDTA（pH8.0）10mL、葡萄糖 4.730g，加去离子水至 500mL。121℃ 高压灭菌 15min，贮存于 4℃。

（3）溶液 B：0.2mol/L NaOH、1% SDS。配制方法：2mol/L NaOH 1mL、10% SDS 1mL，加去离子水至 10mL。使用前临时配制。

（4）醋酸钾缓冲液（pH4.8）：5mol/L 醋酸钾溶液 300mL、冰醋酸 57.5mL，加去离子水至 500mL，4℃ 保存备用。

（5）苯酚/氯仿/异戊醇（体积比 25：24：1）溶液、无水乙醇、75% 乙醇。

（6）TE 缓冲液：1mol/L Tris-HCl（pH8.0）1mL、0.5mol/L EDTA（pH8.0）0.2mL，加去离子水至 100mL。121℃ 高压蒸汽灭菌 20min，4℃ 保存备用。

（7）RNA 酶 A 溶液：将 RNA 酶 A 溶于 10mmol/L Tris·HCl（pH7.5）、15mmol/L NaCl 中，配成 10mg/mL 溶液，于 100℃ 加热 15min，使 DNA 酶失活。冷却后分装，保存于 −20℃ 冰箱中。

（8）50×TAE 电泳缓冲液（pH8.5）：Tris 碱 242g、57.1mL 冰醋酸、37.2g EDTA-2Na·2H$_2$O，用去离子水定容至 1L。使用时稀释成 1×TAE 缓冲液。

（9）DNA 染料 GelRed。

（10）6×加样缓冲液（6×缓冲液）：0.25% 溴酚蓝、0.25% 二甲苯腈、30% 甘油。4℃ 保存。

（11）DNA 分子质量标准：λ DNA/*Hind*III Marker。

（12）电泳级琼脂糖粉、含质粒 DNA 的细菌。

2. 仪器与用具

核酸分析仪、离心机、摇床、微波炉、水平凝胶电泳槽和梳子及其制胶模块、电泳仪、微量移液器、凝胶成像仪等。

实验方法

1. 质粒 DNA 的提取

（1）提取质粒 DNA 前一天晚上，在无菌超净工作台中，用接种针挑取本章实验三中 pEGFP 质粒 DNA 转化的单克隆大肠杆菌菌落，接种至含卡那霉素（pEGFP 为卡那霉素抗性）的适量 LB 培养基（约 4mL）中，之后置于恒温摇床（37℃），200r/min 振荡培养 12~16h。

（2）将 4mL 细菌培养液分多次离心（12 000r/min 离心 1min），收集至 1.5mL 离心管（无 DNA 酶和 RNA 酶）中，之后倒扣在吸水纸上，使液体尽可能流尽。

（3）取 RNA 酶 A 溶液适量，加至溶液 A 中，使其最终浓度为 20μg/mL；取该混合液 250μL，加至上述离心管中，充分涡旋至菌体分散均匀。

（4）取 250μL 溶液 B，加至上述离心管中，立即轻轻颠倒混匀 6~8 次，然后冰浴 5min。

（5）取 350μL 预冷的醋酸钾缓冲液，加至上述离心管中，立即轻轻颠倒混匀，此时可见白色沉淀，12 000r/min 离心 10min。

（6）缓慢吸取上清液，转移至另一离心管中，加入等体积苯酚/氯仿/异戊醇溶液，颠倒混匀，12 000r/min 离心 10min。

（7）缓慢吸取上清液，转移至另一离心管中，加入 2 倍体积预冷的无水乙醇，混合均匀；室温条件下静置 2~5min，12 000r/min 离心 10min。

（8）弃去上清液，加入 1mL 75%乙醇洗涤沉淀，12 000r/min 离心 5min。

（9）弃去上清液，打开离心管，室温条件下自然挥干（可在离心管口覆盖无尘纸）。

（10）将沉淀溶于 50~100μL TE 缓冲液中，置–20℃冰箱备用。

2. 质粒 DNA 的鉴定与定量检测

用去离子水将质粒 DNA 溶液进行适度稀释。之后利用核酸分析仪在 260nm 和 280nm 处检测其吸光度（OD_{260nm} 和 OD_{280nm}），计算 OD_{260nm}/OD_{280nm} 值，根据比值判断质粒 DNA 的纯度，若比值在 1.8~2.0 范围内，则纯度较高，此时可根据公式：［质粒 DNA］＝OD_{260nm}×50μg/mL×稀释倍数，确定提取的质粒 DNA 浓度；若比值小于 1.8，则可能存在蛋白质的污染；若比值大于 2.0，则可能存在 RNA 的污染。

3. 质粒 DNA 的琼脂糖凝胶电泳实验

（1）实验前准备：洗净制胶模块及其梳子，插好梳子并调整好梳子高度；水平放置在工作台上（图 3.2）。

（2）制备琼脂糖凝胶：称取 0.25g 琼脂糖于 25mL 1×TAE 缓冲液中，在微波炉中使琼

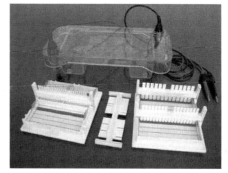

图 3.2 琼脂糖凝胶电泳装置

脂糖颗粒完全溶解，冷却至45~60℃时加入适量 GelRed（一般1000倍稀释），混匀，将其缓慢倒入制胶板中。**注**：不要形成气泡，特别是插梳子处，如有气泡立刻用牙签挑破。室温下放置约30min，待琼脂糖凝胶凝固后，垂直拔去梳子；加入1×TAE缓冲液至电泳槽，缓冲液刚没过凝胶表面即可。

（3）加样：剪取适当大小的封口膜（Parafilm 膜），取6×上样缓冲液1μL 点数点于膜上。取5μL 质粒 DNA、DNA 分子质量标准分别与上样缓冲液混匀。将其分别加入凝胶的点样孔（记录点样顺序及点样量）。加样时应防止碰坏样品孔周围的凝

图3.3　凝胶成像系统

胶表面以及穿透凝胶底部。

（4）电泳：接通电源槽与电泳仪的电源（检查正负极，DNA 片段是从负极向正极移动）。DNA 的迁移率与电压成正比，电压不超过 5V/cm 凝胶长度。当溴酚蓝染料移动至凝胶前沿1~2cm 处，切断电源，停止电泳。

（5）拍照观察结果：使用 DNA 凝胶成像仪（图3.3）拍照，记录结果。

注意事项：影响 DNA 在琼脂糖凝胶中迁移速率的几个因素如下。

（1）DNA 分子大小：迁移速率 U 与 $\log N$ 成反比（N 为碱基对数目）。分子大小相等，电荷基本相等（DNA 结构重复性）。分子越大，迁移越慢。等量的空间结构则紧密的电泳快（超螺旋 DNA＞线性 DNA）。

（2）琼脂糖浓度：不同的凝胶浓度，分辨不同范围的 DNA，具体如下表。

琼脂糖浓度/%	0.5	0.7	1.2	1.5
DNA 片段大小/kb	1~30	0.8~12	0.4~7	0.2~3

（3）DNA 构象：一般迁移速率为超螺旋环状 DNA＞线状 DNA＞单链开环 DNA。当条件变化时，情况会相应改变，还与琼脂糖的浓度、电流强度、离子强度及染料含量有关。

（4）所加电压：低电压时，线状 DNA 片段的迁移速率与所加电压成正比。为使分辨效果好，凝胶上所加电压不应超过 5V/cm。

（5）电泳缓冲液（1×TAE）的组成及其离子强度：影响 DNA 的迁移速率，无离子存在时，核酸基本不泳动，离子强度过大产热严重，熔化凝胶并导致 DNA 变性，一般采用1×TAE、1×TBE、1×TPE（均含 EDTA，pH8.0）。

思考题

（1）泳道中的质粒 DNA 有几条带？为什么？

（2）溴酚蓝的迁移速率相当于多少 bp 的 DNA？

（3）影响本实验结果的因素有哪些？

实验五　不同种类金纳米材料对质粒 DNA 的吸附能力比较

 实验目的

理解不同理化特性（如粒径、表面化学性质、形状等）对纳米材料与 DNA 相互作用的影响。

 实验原理

自 20 世纪 90 年代以来，基因治疗在疾病治疗领域备受关注。其主要通过将外源正常基因导入靶细胞，从而纠正或补偿因基因缺陷或异常引起的疾病。将外源基因导入靶细胞的方法主要分为物理法（如电穿孔法和显微注射法等）、病毒载体介导和非病毒载体介导的基因转移等。然而，物理法进行基因转移需要特殊的仪器设备，成本高且效率较低；病毒载体介导的基因转移效率较高，但其安全性较差。因此，近年来，基于非病毒载体的基因转移或传输引起人们关注。

大量研究表明，纳米材料作为载体可显著促进药物的入胞量，提高药物治疗效果。众所周知，生物功能分子如蛋白质、DNA 等在生理环境下多呈现负电性。因此，当纳米材料表面修饰带正电的物质时，其可通过静电吸附作用将 DNA 吸附于表面，进而提高 DNA 进入靶细胞的量。而当纳米材料表面呈负电时，由于静电排斥作用，其很难与 DNA 结合在一起。当用纳米材料进行系统给药（即静脉注射）时，研究人员常常利用聚乙二醇（PEG）对纳米材料进行表面修饰（表面电荷接近中性），减少其与网状内皮系统的相互作用，提高其在生物体内的稳定性，因此聚乙二醇修饰的纳米材料与 DNA 的相互作用也大大降低。另外，纳米材料的其他物理化学特性对其功能具有重要影响。例如，纳米材料的粒径越小，比表面积越大，其表面效应如表面活性、表面吸附能力或催化能力就越强。本实验以不同尺寸、形状和表面修饰的金纳米颗粒为对象，研究其对质粒 DNA（pEGFP）的吸附能力差异。

 实验试剂与器材

1. 材料

纳米材料：不同尺寸、形状、表面修饰的金纳米材料（50nm 表面呈正电、负电或中性的金纳米颗粒，200nm 表面呈正电的金纳米颗粒，15nm×60nm 表面呈正电的金纳米棒）。

2. 试剂

（1）增强型绿色荧光蛋白质粒 DNA（pEGFP）。

（2）DNA 染料 GelRed、DNA 分子质量标准。

（3）50×TAE 电泳缓冲液（pH 8.5）：Tris 碱242g、冰醋酸 57.1mL、EDTA-2Na ·2H$_2$O 37.2g，去离子水定容至 1L。使用时稀释成 1×TAE 缓冲液。

（4）6×加样缓冲液（6×缓冲液）：0.25%溴酚蓝、0.25%二甲苯腈、30%甘油。4℃保存。

2. 仪器与用具

核酸分析仪、琼脂糖凝胶电泳仪、凝胶成像仪。

 实验方法

（1）为了比较不同理化性质（颗粒尺寸、形状、表面化学性质等）对金纳米材料吸附能力的影响，本实验分为以下几组进行。①尺寸效应：50nm、200nm 带正电金纳米颗粒。②形状效应：50nm 带正电金纳米颗粒、15nm×60nm 带正电金纳米棒。③表面化学效应：50nm 带正电、负电、电中性金纳米颗粒。按照上述分组，用去离子水分别配制具有相同浓度的多种金纳米材料。然后，将同体积 pEGFP 水溶液加至金纳米材料溶液中，金纳米材料与 pEGFP 的质量比为 2∶1，混合均匀，室温下孵育 15～30min。注：金纳米材料与质粒 DNA 加入的顺序对其吸附能力影响较大。

（2）利用凝胶阻滞实验评价不同种类金纳米材料对质粒 DNA 的吸附能力：制备琼脂糖凝胶（1%～2%），向加样孔中加入相同体积的金纳米材料-质粒 DNA 复合物溶液（含加样缓冲液），进行琼脂糖凝胶电泳。用凝胶成像仪对结果进行观察，根据条带的亮度及位置比较其对 DNA 吸附能力的差异。

（3）用核酸分析仪进行 DNA 定量，评价不同种类金纳米材料的吸附能力：将金纳米材料-质粒 DNA 复合物溶液置于离心管中，9500r/min 离心 15min；取适量上清液，利用核酸分析仪在 260nm 处检测其吸光度，根据公式：［质粒 DNA］＝OD_{260nm}×50μg/mL×稀释倍数，确定上清液中游离质粒 DNA 的浓度；最后根据公式：吸附效率（%）＝（总 DNA 含量–上清液中 DNA 含量）/总 DNA 含量×100，比较分析物理化学特性对金纳米材料对 DNA 的吸附效率的影响作用。

 思考题

影响金纳米材料吸附 DNA 效率的因素有哪些？

 课外推荐阅读

Xu L G, Liu Y, Chen Z Y, et al. 2012. Surface-engineered gold nanorods: promising DNA vaccine adjuvant for HIV-1 treatment. Nano Lett, 12: 2003-2012.

实验六   不同种类纳米材料的基因转染能力评价

 实验目的

（1）掌握基因转染的基本原理和操作方法。

（2）掌握基因转染的基本评价方法。

 实验原理

1. 基因转染的基本原理

基因转染是指将具有生物功能的核酸（如质粒 DNA、siRNA 等）输送至细胞内，并使其在细胞内进行转录、翻译，从而发挥其生物学功能的一种技术。基因表达及其调控直接影响着生物体各项生命活动的正常运行。目前，基因转染技术已广泛应用于基因组功能研究（基因表达调控、基因功能、信号转导和药物筛选研究等）和基因治疗研究等领域，为人类更加准确深入地理解生命活动的发生发展规律提供了重要信息。

然而，由于游离基因易受生物体内核酸酶的降解，其很难进入细胞，进而发挥生物学功能。目前，基因转染技术主要包括三类：电穿孔法、病毒载体介导法和非病毒载体介导法（如磷酸钙法）。电穿孔法主要利用高强度电场瞬时作用于细胞或生物体，从而暂时提高细胞膜的通透性，促进药物分子或 DNA 进入细胞，最终发挥作用；病毒载体介导法则主要利用已包装了外源基因的病毒感染细胞，进而促进 DNA 进入细胞。但由于电击法和磷酸钙法的实验条件控制较严、难度较大，病毒法的前期准备较复杂，而且可能对细胞有较大影响，因此现在对于很多普通细胞系，一般的瞬时转染方法多采用脂质体法。事实上，脂质体法虽然可实现对多数细胞较高的转染效率，但其稳定性较差，易受血清等蛋白质的干扰，且在较高剂量时可显示出较高的细胞毒性。因此，研究开发出安全、稳定且高效的非病毒载体是基因治疗领域的一个热点。

一般情况下，绝大多数非病毒载体表面呈正电，而 DNA 或 siRNA 表面呈负电。因此，其可通过静电相互作用形成复合物，提高 DNA 或 siRNA 的入胞量，保护其免受核酸酶降解，从而提高基因转染效率。同时，某些非病毒载体亦可在合成过程中包裹 DNA/siRNA，实现对其转染效率的有效提高。非病毒载体-基因复合物主要通过内吞途径（endocytosis）进入细胞，之后进入内吞体（endosome）和溶酶体（lysosome）。然而，溶酶体中存在水解酶、蛋白酶和核酸酶等多种酶类物质。因此，非病毒载体-基因复合物能否快速从溶酶体中释放出来直接决定着基因转染的成功与否。目前，以纳米材料作为非病毒载体，主要通过干扰溶酶体膜或质子海绵效应（proton sponge effect）促进 DNA 逃离溶酶体。

以脂质体为例，其转染的基本原理如图 3.4 所示。首先阳离子型脂质体（liposome）与带负电的 DNA 在体外混合，从而将 DNA 包裹并形成复合物（lipoplex），之后该复合物通过内吞途径进入细胞，此时复合物位于内吞体，之后脂质体通过干扰内吞体膜结构的完整性使得 DNA 及时释放出来，并进入细胞核，最终完成转录、翻译。未从内吞体释放出来的 DNA 则随着内吞体成熟为溶酶体而被其中的核酸酶降解，进而失去功能。值得注意的是，脂质体与 DNA 的比例、细胞密度，以及转染的时间长短和培养基中血清的含量均对转染效率有重要影响。

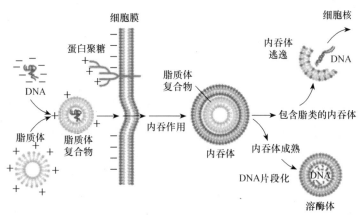

图 3.4　基因转染原理示意图

2. 基因转染评价方法——流式细胞术的基本原理

流式细胞术（flow cytometry，FCM）是一种集计算机技术、激光技术、流体力学、细胞化学和细胞免疫学于一体，具有分析和分选细胞功能的实验技术。其已广泛应用于生命科学与医学领域（血液学、肿瘤学、免疫学、细胞生物学和分子生物学等），可测量细胞大小，细胞内部颗粒的性状，细胞表面和细胞质抗原，细胞内 DNA、RNA 含量等，还可对群体细胞在单细胞水平上进行分析，在短时间内检测分析大量细胞，并收集、储存和处理数据，进行多参数定量分析。

图 3.5　流式细胞仪

流式细胞仪（图 3.5）主要由以下五部分构成：①流动室及液流驱动系统；②激光光源及光束形成系统；③光学系统；④信号检测与存储、显示、分析系统；⑤细胞分选系统。流动室（flow cell 或 flow chamber）是流式细胞仪的核心部件，流动室由石英玻璃制成，单细胞悬液在细胞流动室里被鞘液包绕，通过流动室内一定孔径的孔，检测区在该孔的中心，细胞在此与激光垂直相交，在鞘液约束下，细胞成单行排列依次通过激光检测区。流动室里的鞘液流是一种稳定流动，控制鞘液流的装置是在流体力学理论的指导下由一系列压力系统、压力感受器组成，只要调整好鞘液压力和标本管压力，鞘液流包绕样品流并使样品流保持在液流的轴线方向，能够保证每个细胞通过激光照射区的时间相等，从而使激光激发的荧光信息准确无误。流式细胞仪可配备一根或多根激光管，常用的激光管是氩离子气体激光管，它的发射光波长为 488nm，此外可配备氦氖离子气体激光管（波长 633nm）和/或紫外激光管。流式细胞仪的主要测定信号荧光是由激发光激发的，荧光信号的强弱与激发光的强度和照射时间相关。当测定标本在鞘液约束下，细胞成单行排列，依次通过激光检测区时产生散射光和荧光信号，散射光分为前向角散射（forward scatter，

FSC）和侧向角散射（side scatter，SSC）；荧光信号也有两种，一种是细胞自发荧光，一般很微弱，另一种是细胞样本经标有特异荧光素的单克隆抗体染色后经激光激发发出的荧光，它是我们要测定的荧光，荧光信号较强。这两种荧光信号的同时存在是测定时需要设定阴性对照的理由，以便从测出的荧光信号中减去细胞自发荧光和抗体非特异结合产生的荧光。前向角散射反映被测细胞的大小；侧向角散射反映被测细胞的细胞膜、细胞质、核膜的折射率和细胞内颗粒的性状。

绿色荧光蛋白（green fluorescent protein，GFP）是一种在蓝色波长范围光线激发时可发出绿色荧光的蛋白质，其最大激发波长为 395nm，最大发射波长为 509nm，最早从水母（jellyfish）中分离获得。科学家们已通过利用分子生物学技术如基因测序和基因克隆等揭示了绿色荧光蛋白编码基因的序列，同时将其作为报告基因用于相关学科的研究。例如，利用流式细胞仪 488nm 激发光的荧光通道，可根据编码增强型绿色荧光蛋白（enhanced green fluorescent protein，EGFP）的质粒 DNA 最终是否发生翻译表达荧光蛋白，对转染试剂的转染能力进行评价；将目的基因片段整合至 EGFP 质粒 DNA 中，可间接确定该目的片段是否表达，并对其功能进行研究。绿色荧光蛋白的发现为人类认识生物体的各项生命活动提供了有力工具，三位发现者 Osamu Shimomura、Martin Chalfie 和 Roger Y. Tsien 也因此分享了 2008 年的诺贝尔化学奖。

 ## 实验试剂与器材

1. 材料

人肾上皮细胞系（293T）、Lipofectamine 2000（脂质体纳米材料）、聚乙烯亚胺（PEI，分子质量为 25kDa）修饰的氧化石墨烯纳米材料 GO-PEG-PEI。

2. 试剂

增强型绿色荧光蛋白质粒 DNA（pEGFP）、DMEM 细胞培养基、胎牛血清、胰酶、PBS。

3. 仪器与用具

二氧化碳培养箱、高速离心机、流式细胞仪和倒置荧光显微镜、24 孔细胞培养板、细胞计数板等。

 ## 实验方法

1. 293T 细胞的培养

用胰酶将对数生长期的 293T 细胞消化，用 DMEM 完全培养基（含 10%胎牛血清）终止消化，1000r/min 离心 3min，弃上清液，加入 1mL DMEM 完全培养基轻轻吹打均匀，进行细胞计数，制备浓度为 5×10^4/mL 的单细胞悬液。然后将 293T 细胞接种至 24 孔细胞培养板中，每孔 0.5mL，置于 CO_2 培养箱（37℃，5% CO_2）中培养 24h，备用。

2. 转染试剂-DNA 复合物的配制

分别将 2μL Lipofectamine 2000 或适量 GO-PEG-PEI（GO 约 2.5μg）和 1μg EGFP 质粒 DNA 用 DMEM 无血清培养基稀释至 25μL，室温静置 5min，之后混合均匀，室温下孵育 20min，即转染复合物；最后，将复合物用 DMEM 完全培养基稀释至 1mL，备用。

3. 基因转染

实验设阴性对照组、游离 DNA 转染组、Lipofectamine 2000 转染组和 GO-PEG-PEI 转染组 4 组，每组 3 个平行孔。首先，将 24 孔培养板中的培养基弃去，用 PBS 洗涤 1 次，弃去洗涤液，之后向培养孔中加入 1mL 含复合物的培养基；阴性对照组仅加入 DMEM 完全培养基，置于 CO_2 培养箱（37℃，5% CO_2）中培养 24～48h。

4. 转染效果评价

利用倒置荧光显微镜观察绿色荧光蛋白在细胞中的表达情况。之后弃去培养基，PBS 洗涤 1 次，胰酶消化细胞，加入完全培养基终止消化，1000r/min 离心 3min，弃上清液，加入 0.4mL 含 1%胎牛血清的 PBS 重悬细胞，利用流式细胞仪检测表达绿色荧光蛋白的细胞比例变化，确定其基因转染效率。

 思考题

（1）影响基因转染效果的主要因素有哪些？

（2）利用流式细胞仪评价基因转染效率时，设置阴性对照组的目的是什么？

 课外推荐阅读

Dufès C, Uchegbu I F, Schätzlein A G. 2005. Dendrimers in gene delivery. Advanced Drug Delivery Reviews, 57: 2177-2202.

Mao H Q, Roy K, Troung-Le V L, et al. 2001. Chitosan-DNA nanoparticles as gene carriers: synthesis, characterization and transfection efficiency. Journal of Controlled Release, 70: 399-421.

实验七　引　物　设　计

 实验目的

掌握引物的设计原理和方法。

 原理

基因的表达与调控对于各组织器官发挥正常功能、维持生物体的动态平衡起着至关重要的作用。在生物医学包括纳米生物医学研究中，经常需要研究特定条件下，某个或某些基因表达调控的变化，进而揭示生命活动尤其是疾病的发生发展规律，阐释纳米材料潜在的生物学作用机制。众所周知，基因表达主要经历基因转录、转录后加工、翻译和翻译后加工 4 个基本过程，最终实现对生物体功能的调节。由于 DNA 序列中含有诸多非编码序列（内含子），因此在研究基因表达变化时，我们首先需要获取信使 RNA（messenger RNA，mRNA），之后以其为模板，利用反转录酶获得互补 DNA（complementary DNA，cDNA），最终利用荧光定量 PCR 技术评价基因表达变化情况，为我们理解疾病的发生发展机制或纳米材料与生物体的相互作用机制提供重要信息。

根据 DNA 转录和复制发生的基本过程，我们知道要获取 cDNA 和利用 PCR 技术扩增目的基因前，首先需要设计合适的引物来引发反转录和 DNA 复制反应。引物设计的正确与否直接决定了基因表达研究的真实性和准确性。由于 mRNA 的 C 端（3'端）具有聚腺苷酸（poly A）尾巴，在进行反转录时，可设计适当长度的聚胸苷酸（polyT）作为引物即可获得 cDNA。对于扩增目的基因，则需要根据基因序列，综合考虑各方面因素设计对应的引物。

PCR 引物设计的目的是要找到一对合适的核苷酸片段，使其能有效地扩增模板 DNA 序列。因此，引物的优劣直接关系到 PCR 的特异性及成功与否。要设计引物，首先要找到 DNA 序列的保守区。同时应预测将要扩增的片段单链是否形成二级结构。如果这个区域单链能形成二级结构，就要避开它。如果这一段不能形成二级结构，那就可以在这一区域设计引物。一般引物长度为 15~30 碱基，扩增片段长度为 100~600 碱基对。

PCR 引物的设计原则：如前所述，引物的优劣直接关系到 PCR 的特异性及成功与否。对引物的设计而言，不可能有一种包罗万象的规则确保 PCR 的成功，但遵循某些原则，则有助于引物的设计。

1. 引物的特异性

引物与非特异扩增序列的同源性不要超过 70%或有连续 8 个互补碱基同源。

2. 避开产物的二级结构区

某些引物无效的主要原因是受到了引物重复区 DNA 二级结构的影响，选择扩增片段时最好避开二级结构区域。用有关计算机软件可以预测估计 mRNA 的稳定二级结构，有助于选择模板。引物自身不应存在互补序列，否则引物自身会折叠成发夹状结构，这种二级结构会因空间位阻而影响引物与模板的复性结合。若用人工判断，引物自身连续互补碱基不能大于 3bp。两引物之间不应具互补性，尤应避免 3'端的互补重叠以防引物二聚体的形成。一对引物间的同源性或互补性不应多于 4 个连续碱基。

3. 引物的长度

寡核苷酸引物长度为 15~30bp，一般为 18~27bp。引物的有效长度：$L_n = 2(G+C) + (A+T)$，L_n 值不能大于 38，因为大于 38 时，最适延伸温度会超过 Taq DNA 聚合酶的最适温度（74℃），不能保证产物的特异性。总的来说，引物长度是决定引物退火温度（T_m 值）的最重要因素。

4．G+C 含量

G+C 含量一般为 40%~60%。T_m 值是寡核苷酸的解链温度，即在一定盐浓度条件下，50% 寡核苷酸双链解链的温度。引物的 T_m 值一般控制在 55~60℃，尽可能保证上下游引物的 T_m 值一致，一般相差不超过 2℃。若引物中的 G+C 含量相对偏低，则可以使引物长度稍长，从而保证一定的退火温度。可按公式 $T_m=4$（G+C）$+2$（A+T）估计引物的 T_m 值。如果引物存在严重的 GC 倾向或 AT 倾向，则可以在引物 5'端增加适量的 A、T 或 G、C 尾巴。

5．退火温度

退火温度需要比解链温度低 5℃，如果引物碱基数较少，可以适当提高退火温度，这样可以使 PCR 的特异性增加；如果碱基数较多，那么可以适当降低退火温度，使 DNA 双链结合。一对引物的退火温度相差 4~6℃不会影响 PCR 的产率，但是理想情况下，一对引物的退火温度是一样的，可以在 55~75℃间变化。

6．碱基随机分布

引物中 4 种碱基的分布最好是随机的，不要有聚嘌呤或聚嘧啶的存在。尤其 3'端不应超过 3 个连续的 G 或 C，因为这样会导致引物在 G+C 富集序列区的错误引发。

7．引物的 3'端

引物的延伸是从 3'端开始的，不能进行任何修饰。3'端也不能形成任何二级结构，除在特殊的 PCR（AS-PCR）反应中，引物 3'端不能发生错配。在标准 PCR 反应体系中，用 2U *Taq* DNA 聚合酶和 800μmol/L dNTP（4 种 dNTP 各 200μmol/L）以质粒（10^3 拷贝）为模板，按 95℃，25s；55℃，25s；72℃，1min 的循环参数扩增 HIV-1 *gag* 基因区的条件下，引物 3'端错配对扩增产物的影响是有一定规律的。A：A 错配使产量下降至 1/20，A：G 和 C：C 错配下降至 1/100。引物 A：模板 G 与引物 G：模板 A 错配对 PCR 影响是等同的。引物 3'端不要终止于密码子的第 3 位，因密码子的第 3 位易发生简并，会影响扩增特异性与效率。

8．引物的 5'端

引物的 5'端限定着 PCR 产物的长度，它对扩增特异性影响不大。因此，可以被修饰而不影响扩增的特异性。引物 5'端修饰包括：加酶切位点；标记生物素、荧光、地高辛、Eu^{3+} 等；引入蛋白质结合 DNA 序列；引入突变位点、插入与缺失突变序列和引入启动子序列等。

9．添加限制性内切核酸酶酶切位点

限制性内切核酸酶指可以识别 DNA 的特异序列，并在识别位点或其周围切割双链 DNA，从而产生黏性末端或平末端的一类内切核酸酶，这些酶切位点一般为 6 个碱基。例如，*EcoR* Ⅰ内切核酸酶的酶切位点为 $\begin{array}{l}5'...G\overset{\triangledown}{A}ATTC...3'\\3'...CTTA\underset{\triangle}{A}G...5'\end{array}$，*BamH* Ⅰ内切核酸酶的酶切位点为 $\begin{array}{l}5'...G\overset{\triangledown}{G}ATCC...3'\\3'...CCTA\underset{\triangle}{G}G...5'\end{array}$。进行基因克隆时，所用的克隆载体一般含有多种酶切

位点，因此在根据目的基因设计引物时，可在引物的 5'端添加适当的酶切位点，从而便于将目的基因克隆至载体中，进行后续研究。同时，需要注意的是，很多目的基因序列本身就含有多个酶切位点，因此在设计添加酶切位点时，不能选择这些酶切位点，从而避免在酶切实验中将目的基因切断。可利用一些软件如 DNA Club 查询目的基因中存在哪些酶切位点（输入序列后，点击"Restriction Map"即可）。克隆载体的酶切位点可在其使用说明书中查询。同时，在引物 5'端添加酶切位点后还需要考虑保护碱基的添加。

 实验方法

1）序列的获取和分析　　进入 NCBI 网站（http://www.ncbi.nlm.nih.gov/pubmed/），检索目的基因的序列，如白细胞介素 2（IL-2）的基因序列，下载序列。

（1）进入网站后，在下拉菜单中选择"Nucleotide"，输入关键词"IL-2"，点击"Search"，界面如下图。

（2）在左侧"Molecule types"中选择"mRNA"，界面如下图。

（3）在右侧"Top Organisms［Tree］"中选择目的基因的种属，如鼠源"Mus musculus"，界面如下图。

（4）检索结果中，第5条"Mus musculus interleukin 2（IL-2），mRNA"即为IL-2的全基因序列，界面如下图。

点击第5条检索结果，界面如下图。

（5）检索结果中"CDS"（即 coding sequence-CDS），即为目标基因的编码序列，界面如下图。

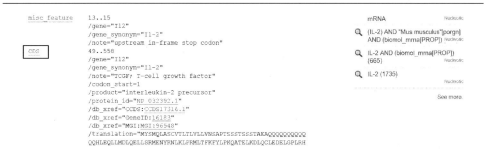

点击 "CDS"，将自动链接至目的基因的具体序列信息，界面如下图，图中突出显示的即为 IL-2 的编码基因序列。

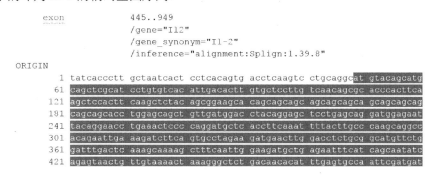

（6）此时，即可根据基因序列设计上下游引物。将该序列输入 DNA Club 软件中，并点击 "Restriction Map"，即可知道该目的基因序列中含有哪些酶切位点，如序列中共含有 *Alu* Ⅰ酶切位点 6 个等。界面如下图。

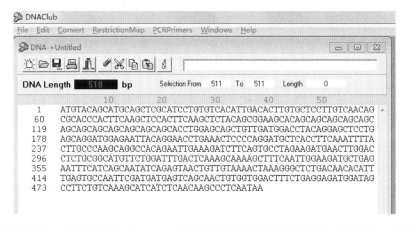

2）引物筛选和添加酶切位点　　根据引物设计原则进行引物设计筛选，根据克隆载体中的酶切位点，选择适当的酶切位点，添加至引物的 5'端。例如，真核表达载体 pcDNA3.1 中含有 *Bam*H Ⅰ（识别序列为 GGATCC）和 *Eco*R Ⅰ（识别序列为 GAATTC）两种常用的限制性内切核酸酶酶切位点（见下图），而 IL-2 目的基因的酶切图谱中没有这两种酶切位点，我们就可以根据这两种酶的识别序列设计引物（例如，

上游引物序列为 5'-CG<u>GGATCC</u>ATGTACAGCATGCAGCTCG-3'，下游引物序列为
5'-GG<u>AATTC</u>TTATTGAGGGCTTGTTGAG-3'），最终将目的基因克隆至 pcDNA3.1 载
体中。

Multiple Cloning Site of pcDNA™3.1/His A

Below is the multiple cloning site for pcDNA™3.1/His A. Restriction sites are labeled to indicate the cleavage site. The boxed nucleotide indicates the variable region. Note that there is a stop codon after the *Xba* I site and that the *Asp718 I* and *Kpn* I sites are in the same reading frame for all three vectors. The multiple cloning site has been confirmed by sequencing and functional testing. The sequence is available for downloading from www.lifetechnologies.com or by contacting Technical Support (see page 13).

```
                                        T7 promoter/priming site
 839  CACTGCTTAC TGGCTTATCG AAATTAATAC GACTCACTAT AGGGAGACCC AAGCTGGCTA
                    Hind III                        Polyhistidine (6xHis) region
 899  GCGTTTAAAC TTAAGCTTAC C ATG GGG GGT TCT CAT CAT CAT CAT CAT CAT
                             Met Gly Gly Ser His His His His His His

 950  GGT ATG GCT AGC ATG ACT GGT GGA CAG CAA ATG GGT CGG GAT CTG TAC
      Gly Met Ala Ser Met Thr Gly Gly Gln Gln Met Gly Arg Asp Leu Tyr

             Xpress™ Epitope      Asp718 I Kpn I BamH I        BstX I* EcoR I
 998  GAC GAT GAC GAT AAG GTA CCT AGG ATC CAG TGT GGT GGA ATT CTG CAG
      Asp Asp Asp Asp Lys Val Pro Arg Ile Gln Cys Gly Gly Ile Leu Gln
      Enterokinase recognition sequence  ▲ EK cleavage site
      EcoR V            BstX I*   Not I   Xho I    Xba I        Apa I
1046  ATA TCC AGC ACA GTG GCG GCC GCT CGA GTC TAG AGGGCCCGTT TAAACCCGCT
      Ile Ser Ser Thr Val Ala Ala Ala Arg Val ***
                    BGH reverse priming site
1099  GATCAGCCTC GACTGTGCCT TCTAGTTGCC AGCCATCTGT TGTTTGCCCC TCCCCCGTGC
                                                  BGH poly (A) site
1159  CTTCCTTGAC CCTGGAAGGT GCCACTCCCA CTGTCCTTTC CTAATAAAAT GAGGAAATTG
```

*Note that there are two *BstX* I sites in the polylinker.

 思考题

引物设计时需要注意哪些关键环节？

实验八　mRNA 提取及 cDNA 的获取

 实验目的

（1）掌握 mRNA 提取的一般原理和提取方法。
（2）掌握获取 cDNA 的原理和方法。

 实验原理

　　聚合酶链反应技术只能以 DNA 为模板，实现对目的基因的扩增。因此，在研究基因表达时，必须首先获得蛋白质的编码序列——mRNA，之后以其为模板，利用反转录酶获取互补 DNA，最后进行 PCR 扩增，确定基因表达的变化情况。

目前，RNA 提取方法主要有异硫氰酸胍/酚法、盐酸胍-有机溶剂法、氯化锂-尿素法、酚-氯化锂法和酚-SDS 法等。近年来，由于其可从细胞和组织中快速分离获得 RNA 且可保持 RNA 的完整性，Trizol 裂解法已成为最常用的 RNA 提取方法。Trizol 试剂主要包含苯酚、8-羟基喹啉、异硫氰酸胍和β-巯基乙醇等，可同时实现对 RNA、DNA 和蛋白质的有效分离。其中苯酚的主要作用是使蛋白质变性，8-羟基喹啉和β-巯基乙醇均可抑制 RNA 酶（RNase）的活性，异硫氰酸胍则属于一种解偶剂，可溶解蛋白质破坏其二级结构，使核蛋白与核酸分离。上述反应结束后加入氯仿，可进一步使蛋白质变性，离心后溶液分为水样层、中间层和有机相，RNA 存在于水样层，收集后可利用异丙醇沉淀 RNA；中间层主要为 DNA，有机相中则主要为蛋白质。

同时，由于环境中 RNA 酶分布较广，因此在 RNA 提取中需要用到的各种器皿耗材均要经过 0.1%焦碳酸二乙酯（diethylpyrocarbonate，DEPC）水溶液处理后方可使用。众所周知，作为机体的重要防御屏障，免疫系统在保护机体免受外来物尤其是病原体的攻击中发挥着至关重要的作用。毫无疑问，当纳米材料进入机体后，其首先将与机体免疫系统发生相互作用，并产生一系列响应，如某些炎性细胞因子的分泌上调等。因此，本实验以免疫细胞的某些细胞因子为例，介绍 RNA 提取与 cDNA 获取的基本实验方法。

实验试剂与器材

1. 实验动物
雌性 Balb/c 小鼠。

2. 试剂
DEPC 水、RPMI-1640 培养基（含 10%胎牛血清）、红细胞裂解液、Trizol 裂解液、氯仿（放入棕色瓶中）、异丙醇（放入棕色瓶中）、无水乙醇、75%乙醇、DNase Ⅰ、dNTPs 混合物、反转录酶、RNA 酶抑制剂、oligo-dT、IL-2 等的引物。

3. 仪器与用具
冷冻高速离心机、离心管、kimwipe 纸、金属浴、手术器械、尼龙网（300 目）、注射器、移液器。

注：RNA 实验用的器具建议专门使用，不要用于其他实验。尽量使用一次性塑料器皿，若用玻璃器皿，应在使用前按下列方法进行处理：用 0.1%DEPC 水溶液在 37℃下处理 12h，然后在 120℃下高温灭菌 30min 以除去残留的 DEPC。

实验方法

1. 总 RNA 提取
白细胞介素 2（IL-2）、肿瘤坏死因子（TNF-α）和 γ-干扰素（IFN-γ）等主要由 T 淋巴细胞、巨噬细胞等免疫细胞分泌，因此其 RNA 可从富含这些免疫细胞的免疫器官如脾脏获取，具体方法如下。

（1）采用脱颈椎法处死小鼠，置于 75%乙醇中浸泡 5～10min。采集小鼠脾脏，将尼龙网置于含 RPMI-1640 培养基的培养皿中，之后将脾脏置于尼龙网上，用注射器芯研磨脾脏，获得单细胞悬液。

（2）将细胞悬液在 1200r/min 条件下离心 5min，弃去上清液并加入 1mL 红细胞裂解液，室温条件下裂解 3min。

（3）加入 4～6mL RPMI-1640 完全培养基（含 10%胎牛血清）终止裂解，1200r/min 离心 5min。

（4）弃去上清液，加入 2mL RPMI-1640 完全培养基，适度稀释并进行细胞计数。

（5）取约 $5×10^6$ 个脾总细胞（splenocytes）于离心管中，加入 1mL Trizol 裂解液，立即轻轻颠倒混匀，室温下静置 5min。

（6）在 4℃条件下，14 000r/min 离心 10min，之后将上清液转至另一离心管中。

（7）向上清液中加入 200μL 氯仿，轻轻颠倒混匀，室温下每隔 1min 混匀一次，共 5 次。

（8）在 4℃条件下，14 000r/min 离心 15min，之后将上清液转至另一离心管中。

（9）向上清液中加入 500μL 异丙醇，轻轻混合均匀，之后室温下静置 5min。

（10）在 4℃条件下，14 000r/min 离心 10min，弃去上清液，加入 1mL 75%乙醇洗涤沉淀。

2．cDNA 的获取

由于 mRNA 具有 polyA 尾巴，可以利用 oligo-dT 作为引物，通过反转录酶进行反转录（reverse transcription，RT），获得其反转录产物——cDNA，具体方法如下。

1）样品的前期处理

（1）将含 RNA 的 1mL 75%乙醇洗涤液 14 800r/min 离心 3min（4℃），弃去上清液；再次离心 3min，去上清液，可见白色沉淀。

（2）空气中干燥 RNA 至半透明状即可（在离心管上面盖一层 kimwipe 纸，防止 RNase 污染）。

（3）DNase 处理 RNA 去除 DNA：向含有 RNA 的 EP 管中加入以下试剂。

DEPC/H_2O	8μL
10×DNase buffer（Mg^{2+}）	1μL
DNase	1μL

37℃，30min。之后，加入 1μL EDTA（50mmol/L），65℃，10min，使 DNase 失活，防止后续反应生成的 cDNA 被降解。

2）cDNA 的获取——反转录实验

（1）将以下试剂混匀。

DNase 处理的 RNA	4μL
RT 引物（oligo-dT）	1μL
H_2O	7.5μL

65℃，5min，之后室温 5min。

（2）向上述混合液中加入以下试剂。

dNTP 混合物	2μL
5×RT buffer	4μL
RNase 抑制剂	0.5μL
反转录酶	1μL

42℃反应 1h，之后 95℃，3min，使酶和抑制剂失活。−20℃保存。

 思考题

在提取 RNA 过程中，可以通过采取哪些措施尽量减少 RNA 酶的污染？

实验九　聚合酶链反应制备目的基因

 实验目的

掌握 PCR 反应的基本原理与实验技术。

 实验原理

聚合酶链反应（polymerase chain reaction，PCR）的原理类似于 DNA 的天然复制过程。待扩增的 DNA 片段两侧和与其两侧互补的两个寡核苷酸引物，经变性、退火和延伸若干个循环后，DNA 扩增 2^n 倍（图 3.6）。

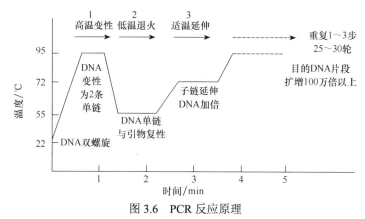

图 3.6　PCR 反应原理

（1）变性：加热使模板 DNA 在高温（94℃）下变性，双链间的氢键断裂而形成两条单链，即变性阶段。

（2）退火：使溶液温度降至 50～60℃，模板 DNA 与引物按碱基互补配对原则互补结合即退火阶段。其中小于 25nt 的引物的退火温度（T_m 值）也可以用公式 $T_m=$

2（A+T）+4（G+C）计算。一般取低于 T_m 值 2～5℃。

（3）延伸：溶液反应温度升至 72℃，接近于 *Taq* DNA 聚合酶的最适反应温度 75℃。耐热 DNA 聚合酶以单链 DNA 为模板，在引物的引导下，利用反应混合物中的 4 种脱氧核苷三磷酸（dNTPs），按 5'→3' 方向复制出互补 DNA，即引物的延伸阶段。

上述 3 步为一个循环，即高温变性、低温退火、中温延伸阶段。从理论上讲，每经过一个循环，样品中的 DNA 量应该增加一倍，新形成的链又可成为新一轮循环的模板，经过 25～30 个循环后的 DNA 可扩增 10^6～10^9 倍。

 ## 实验试剂与器材

1. 实验试剂

cDNA、dNTP 混合液（每种 10mmol/L）、上下游引物（IL-2、IL-7、IL-15、GM-CSF）、*Taq* DNA 聚合酶、10×DNA 聚合酶缓冲液（MgCl₂ free）、50mmol/L MgCl₂、无菌水。

2. 仪器与用具

PCR 热循环仪、琼脂糖凝胶电泳系统、旋涡混合器、微量移液器、mini 离心机、PCR 微量离心管。

 ## 实验方法

（1）在 0.2mL PCR 微量离心管中按下列参考剂量配制 50μL 反应体系，轻轻混合均匀后，置于 mini 离心机上离心数秒，从而将管壁上黏附的液体甩下来，保证 PCR 的反应效率。注：*以下加样量供参考，实验时需参照 Taq 酶说明书计算。*

无菌水	40.5μL	上游引物	0.5μL
Taq DNA 聚合酶缓冲液	5μL	下游引物	0.5μL
MgCl₂	1.5μL	4×dNTP 混合液	1μL
Taq DNA 聚合酶	0.5μL	cDNA	0.5μL

（2）根据 PCR 仪的操作手册设置 PCR 仪的循环程序。

95℃预变性	2.5min
95℃变性	30s
56℃退火	30s（根据引物的 T_m 值设定）
72℃延伸	30s（根据所扩增的 DNA 的长度设定）
72℃延伸	7min

（其中 95℃变性、56℃退火、72℃延伸为 25～30 个循环）

（3）PCR 结束后，取 5～10μL 产物进行琼脂糖凝胶电泳。观察是否有预计分子质量的主要产物带。

 ## 思考题

（1）复性温度是根据什么确定的？

（2）引物序列是根据什么设计的？为什么要加上酶切位点序列？

（3）实验中是否有非特异性扩增产物或引物二聚体带？如何才能消除？

📖 参 考 文 献

萨姆布鲁克 J，拉塞尔 D W. 2002. 分子克隆实验指南. 3 版. 黄培堂，等译. 北京：科学出版社.

魏群. 2007. 分子生物学实验指导. 2 版. 北京：高等教育出版社.

de Laporte L, Rea J C, Shea L D. 2006. Design of modular non-viral gene therapy vectors. Biomaterials, 27: 947-954.

Dufès C, Uchegbu I F, Schätzlein A G. 2005. Dendrimers in gene delivery. Advanced Drug Delivery Reviews, 57: 2177-2202.

Gantas S, Devalapally H, Shahiwala A, et al. 2008. A review of stimuli-responsive nanocarriers for drug and gene delivery. Journal of Controlled Release, 126: 187-204.

Lodish H. 2007. Molecular Cell Biology. 6th edition. New York：Freeman.

Luten J, van Nostrum C F, de Smedt S C, et al. 2008. Biodegradable polymers as non-viral carriers for plasmid DNA delivery. Journal of Controlled Release, 126: 97-110.

Parker A L, Newman C, Briggs S, et al. 2003. Nonviral gene delivery: techniques and implications for molecular medicine. Expert Reviews in Molecular Medicine, 5: 1-15.

Peek L J, Middaugh C R, Berkland C. 2008. Nanotechnology in vaccine delivery. Advanced Drug Delivery Reviews, 60: 915-928.

Qiu Y, Liu Y, Wang L M. et al. 2010. Surface chemistry and aspect ratio mediated cellular uptake of Au nanorods. Biomaterials, 31: 7606-7619.

Wang L M, Liu Y, Wei L, et al. 2011. Selective targeting of gold nanorods at the mitochondria of cancer cells: implications for cancer therapy. Nano Letters, 11: 772-780.

第四章

纳米生物学交叉实验之
细胞生物学篇

细胞生物学是以细胞为研究对象，从细胞的整体水平、亚显微水平和分子水平等 3 个层次，研究细胞和细胞器的结构与功能、细胞的生活史和各种生命活动规律的学科。因此，利用细胞生物学的研究方法，研究纳米材料与细胞以及生物体的相互作用关系及其潜在作用机制，对于我们全面准确地理解纳米材料的生物学效应，开发其应用于生物医学领域具有重要意义。因此，本章将分别从动植物细胞的培养和显微镜观察、细胞显微测量、DNA 和 RNA 的细胞化学反应，以及基因组 DNA 的提取等，介绍细胞生物学的基本研究方法。同时，选择不同功能化修饰的氧化石墨烯衍生物为对象，通过细胞活力实验，评价表面化学性质对氧化石墨烯与细胞相互作用的影响，从而使学生掌握纳米生物学的研究方法，基本掌握实验设计的基本原则和数据分析方法。

实验一 动物贴壁细胞和植物细胞的显微镜观察

 实验目的

（1）了解光学显微镜的基本构造与成像原理。
（2）掌握光学显微镜的基本使用方法。
（3）学会辨认哺乳动物不同组织贴壁生长细胞及植物细胞的形态。
（4）学会辨别动物细胞和植物细胞的形态特征。

 实验原理

一、显微镜的基本构造与成像原理

显微镜由机械装置和光学系统两大部分组成，如图 4.1 所示。

1. 机械装置

镜座和镜臂：镜座位于显微镜底部，支持整个镜体。镜臂是取放显微镜时的手持部位，上端连接镜筒，下端连接镜柱。在取放显微镜时，最好一只手持镜臂，另一只手托住镜座，避免不小心摔落显微镜。

镜筒：是由金属制成的圆筒，上接目镜，下接物镜转换器。镜筒有单筒和双筒

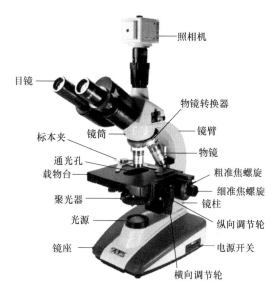

图 4.1 光学显微镜结构图

两种，单筒又可分为直立式和后倾式两种，而双筒则都是倾斜式的。有的显微镜还可在镜筒正上方连接成像系统，方便及时获取样品信息。

物镜转换器：接在镜筒下方，为两个金属碟所合成的一个转盘，其上装 3~4 个物镜，可使每个物镜通过镜筒与目镜构成一个放大系统。

载物台：又称镜台，为方形或圆形的盘，用以载放被检样品，中心有一个通光孔。一般在载物台上还装有两个金属压夹（标本夹），用以固定标本；有的装有标本推动器，在将标本固定后，能向前后左右推动。有的推动器上还有刻度，能确定标本的位置，便于找到变换的视野。同时，还可通过调节纵向调节轮和横向调节轮，从而观察不同区域的样品。

调焦装置：是调节物镜和标本间距离的机件，有粗准焦螺旋即粗调节器和细准焦螺旋即细调节器，利用它们使镜筒或镜台上下移动，当物体在物镜和目镜焦点上时，则得到清晰的图像。

2. 光学系统

光学系统由目镜、物镜、光源和聚光器组成。

物镜：安装在镜筒下端的物镜转换器上，因接近被观察的物体，故又称接物镜。其作用是将物体做第一次放大，是决定成像质量和分辨能力的重要部件。显微镜的分辨率是指显微镜能够辨别两点之间最小距离的能力。它与物镜的数值孔径成正比，与光波长度成反比。因此，物镜的数值孔径越大，光波波长越短，则显微镜的分辨能力越大。物镜上通常标有数值孔径、放大倍数、镜筒长度、焦距等主要参数。例如，NA0.30、10×、160/0.17、16mm，其中"NA0.30"表示数值孔径（numerical aperture, NA），"10×"表示放大倍数，"160/0.17"分别表示镜筒长度（mm）和所需盖玻片厚度（mm），"16mm"表示焦距。通常物镜转换器上会安装多个不同放大倍数的物镜，如 4×、10×、20×、40× 和 100× 物镜。其中，100× 物镜也称油镜。油镜与其他物镜的不同是载玻片与物镜之间不是隔一层空气，而是隔一层油质，称为油浸系。这种油常选用香柏油，因香柏油的折射率 $n=1.52$，与玻璃相同。当光线通过载玻片后，可直接通过香柏油进入物镜而不发生折射。如果载玻片与物镜之间的介质为空气，则称为干燥系，当光线通过玻片后，受到折射发生散射现象，进入物镜的光线明显减少，这样就降低了视野的照明度。在使用油镜观察时，由于镜头距离标本很近，在调节焦距的时候需特别小心。

目镜：位于镜筒上端，由两组透镜组成。目镜是把已被物镜放大的分辨清楚的实像再次放大，从而达到人眼能分辨清楚的程度，并不能增加分辨率，一般标有 7×、10×、15× 等放大倍数，可根据需要选用。一般可按目镜放大倍数与物镜放大倍数的乘积为物镜数值孔径的 500～700 倍，最大也不能超过 1000 倍来选择。目镜的放大倍数过大，反而影响观察效果。

聚光器：光源射出的光线通过聚光器汇聚成光锥照射标本，增强照明度和造成适宜的光锥角度，提高物镜的分辨力。聚光器由聚光镜和虹彩光圈组成。聚光镜由透镜组成，其数值孔径可大于 1，当使用 NA 大于 1 的聚光镜时，需在聚光镜和载玻片之间加香柏油，否则只能达到 1.0。虹彩光圈由薄金属片组成，中心形成圆孔，推动把手可随意调整透进光的强弱。调节聚光镜的高度和虹彩光圈的大小，可得到适当的光照和清晰的图像。

光源：目前，绝大多数显微镜的光源是安装在显微镜的镜座内，通过按钮开关来控制。老式的显微镜大多是采用附着在镜臂上的反光镜。反光镜是一个两面镜子，一面是平面，另一面是凹面。在使用低倍镜和高倍镜观察时，用平面反光镜；使用油镜或光线弱时可用凹面反光镜。

滤光片：可见光是由各种颜色的光组成的，不同颜色的光线其波长也不同。如只需某一波长的光线时，就要用滤光片。选用适当的滤光片，可以提高分辨力，增加影像的反差和清晰度。滤光片有紫、青、蓝、绿、黄、橙、红等各种颜色的，分别透过不同波长的可见光，可根据标本本身的颜色，在聚光器下加装相应的滤光片。

3. 成像原理

普通光学显微镜的成像原理如图 4.2 所示。

4. 动物细胞和植物细胞

植物细胞和动物细胞大体上相同，都有细胞核、细胞质和细胞膜。但是也有不同的地方：这就是植物细胞在细胞膜外面，有一层厚而坚硬的细胞壁，而动物细胞是没有细

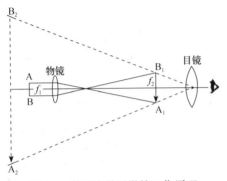

图 4.2　普通光学显微镜工作原理

胞壁的；植物细胞中有扁球状的叶绿体，而动物细胞里没有这种结构；植物细胞中有囊状的液泡，而动物细胞里的液泡却不明显。不同组织、不同类型的细胞形态各不相同。尤其是动物细胞在体外培养的条件下，不同组织、不同类型的体外培养细胞贴壁于培养皿而呈现出不同的形态结构，认识这些体外培养细胞的形态有助于加深对体外培养动物细胞的进一步认识和理解，为从事动物细胞实验相关的科学研究提供直观认识。

实验材料与仪器

1. 材料

（1）植物细胞标本：南瓜茎切片、植物根尖切片、双子叶植物茎切片、单子叶植物茎切片、洋葱表皮切片、植物细胞有丝分裂切片、青霉切片、玉米种子切片、植物幼根切片。

（2）动物细胞标本：鸡血涂片、口腔黏膜细胞装片、纤毛上皮切片、酵母菌切片、蛙卵细胞切片、疏松结缔组织切片。

2. 仪器

显微镜。

实验方法

显微镜观察：分别将不同植物细胞和动物细胞的切片标本置于载物台上，先在低倍物镜（4×）下调节粗准焦螺旋直至观察到样品大致轮廓，再调节细准焦螺旋至图像完全清晰。随后，可以转至高倍物镜，调节焦距，从而观察标本不同区域如细胞核、细胞膜、细胞壁、叶绿体等比较植物细胞和动物细胞的形态和结构差异。简单绘制植物细胞和动物细胞的大致结构，加以区分说明。

思考题

如何正确使用显微镜快速找到目标观察区域？

实验二　动物细胞的体外培养与传代

实验目的

（1）熟练掌握贴壁细胞的传代方法。

（2）观察传代细胞贴壁、生长和增殖过程中细胞形态的变化。

实验原理

细胞培养是一种通过模拟细胞在体内的生长环境，使其在人工环境下生长、增殖的实验技术。细胞培养技术已成为实验室的常用研究手段，其需要在洁净度较高的层流室中进行，将适量细胞加至培养基中，之后置于无菌二氧化碳培养箱中，进而贴壁、伸展、增殖，用于科学研究；当细胞增殖到一定程度，细胞之间将汇合接触在一起，从而停止生长，此现象称为细胞的接触抑制。此时，细胞需要进行传代培养，方可继续生长，用于相关科学研究。若未及时地进行传代培养，细胞将逐渐进入凋亡状态。

细胞传代培养是指当细胞生长的汇合程度达到 80%～90%时，利用胰蛋白酶水解细胞与细胞之间以及细胞与培养器皿之间的蛋白质（主要针对贴壁细胞），使细胞脱离培养皿，并根据其生长速度，按照一定比例进行稀释（如 1：2，1：3），将其从一个培养瓶/培养皿中接种到另一个培养瓶/皿继续进行培养。对于悬浮型生长的细胞，则通过离心收集细胞，之后按照一定比例进行稀释，转移至另一培养器皿中继续培养。细胞培养技术涉及无菌操作技术、显微镜的正确使用和移液器的正确使用等。

 实验试剂与器材

1. 材料

人宫颈癌细胞（HeLa）、人组织细胞淋巴瘤细胞（U937）、小鼠巨噬细胞（Raw264.7）。

2. 试剂

细胞培养基（RPMI-1640 或 DMEM 培养基）、胎牛血清、青链霉素、0.25%胰蛋白酶、磷酸盐缓冲液（PBS，pH7.4）、台盼蓝染液。

3. 仪器与用具

CO_2 培养箱、倒置显微镜、超净工作台、高压锅、水浴锅、离心机、血球计数板、离心管、培养瓶、移液器、细胞刮刀、吸管、酒精灯、酒精棉球等。

 实验方法

动物细胞培养主要用含 10%胎牛血清和青链霉素（青霉素为 100U/mL，链霉素为 100μg/mL）的培养基进行培养。

1. 贴壁细胞——HeLa 细胞的传代培养

（1）选取生长状态良好的 HeLa 细胞，在倒置显微镜下进行观察，待其汇合程度达到 80%～90%时，于超净工作台中无菌打开培养瓶/培养皿，弃去其中培养基；之后，沿侧壁加入适量无菌 PBS，前后左右轻轻晃动洗涤细胞，弃去缓冲液，如此反复洗涤 2～3 次，最后一次洗涤后要完全去除缓冲液。

（2）向培养瓶/培养皿中加入适量胰蛋白酶消化液，轻轻晃动器皿，使消化液完全覆盖细胞，之后放入培养箱中，孵育 1～3min；消化过程中，可在倒置显微镜下观察消化情况，若绝大部分细胞收缩至近似圆形且有少量细胞开始脱离培养器皿底部，即可用移液管快速加入 3 倍消化液体积的完全培养基（含 10%胎牛血清），混合均匀终止消化。

（3）用移液枪轻轻吹打细胞至单细胞悬液，转至无菌离心管中，1200r/min 离心 3～5min。

（4）弃去上清液，按照 1∶2 或 1∶3 比例，加入适量新鲜培养基制备单细胞悬液；之后，接种至 2～3 个培养瓶/培养皿中，并标记清楚细胞的名称、传代日期等信息；最后放入培养箱中继续培养。

（5）观察：细胞培养 24h 后，即可观察培养液的颜色及细胞的生长情况，也可用 0.5%台盼蓝染色，确定死、活细胞的比例。若细胞死亡，则可被台盼蓝染液染成蓝色，活细胞则不被染色。

2．悬浮细胞——U937 的传代培养

（1）取生长状态良好的细胞，在超净工作台中用无菌吸管或移液器将培养瓶/培养皿中的细胞吹打均匀，之后转移至无菌离心管中，1200r/min 离心 5min。

（2）根据细胞生长的速度，按照 1∶2 或 1∶3 比例接种至无菌培养瓶/培养皿中，并做好标记，注明细胞名称、传代日期等，最后置于培养箱（37℃，5% CO_2）培养。

（3）弃去上清液，向离心管中加入新鲜培养基，混匀制备成单细胞悬液。

3．小鼠巨噬细胞——Raw264.7 的传代培养

某些细胞如小鼠巨噬细胞在传代培养时，由于要维持其免疫学功能，需要利用细胞刮刀（图 4.3）将细胞从培养瓶/培养皿表面刮下来，进行传代培养。在用细胞刮刀刮取细胞时禁止反复来回刮取，要顺着一个方向干脆利落地将

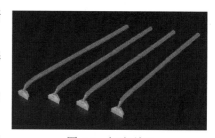

图 4.3　细胞刮刀

细胞刮下来，这样可以保证细胞最佳的形态。刮下来后，按照悬浮细胞的传代方法，分别进行离心、重选、接种即可。

注意事项：

（1）要严格按照无菌操作要求进行细胞培养的相关操作。

（2）消化细胞时，要根据不同细胞对胰蛋白酶的敏感性差异，结合显微镜观察，灵活控制细胞的消化时间，避免消化过度影响细胞的生长状态。

（3）在同时进行多种细胞的传代培养时，要注意更换实验器具，如移液器的吸头等，避免细胞间的交叉污染。

思考题

（1）贴壁细胞和悬浮细胞传代在方法上有什么不同？

（2）为什么培养细胞长成致密单层后必须进行传代培养？

实验三　贴壁生长动物细胞的扫描电镜样品制备及观察

实验目的

（1）了解扫描电子显微镜生物样品制备的基本要求。

（2）了解常规扫描电子显微镜样品制备过程及原理。

实验原理

由于观察目的不同，除了使用相同的固定液之外，扫描电子显微镜（scanning electron microscopy，SEM）生物样品制备与透射电子显微镜生物样品制备有较大的差异。为了得到无损、真实而清晰的表面形貌结构，在 SEM 样品制备的全过程中都必须十分小心地保护被观察面，因此在二次电子表面形貌成像工作状态下，必须满足下述 4 项基本要求。①样品被观察面应充分地暴露出来（在所要求的二次电子图像分辨率水平上），无污染、无皱缩、无明显的人工损伤及附加结构。②镀一层均匀的重金属导电材料（金、铂、钯铱合金等），保证被观察表面的"质量-厚度"（ρt）一致性。"厚度"既要大于等于入射电子束进入样品的扩散深度，又不能掩盖样品本身的凹凸形貌结构。同时，样品表面的二次电子发射率要高。③样品、样品与样品托之间导电性要好。④能耐受高能量的入射电子束和高真空，不变形、不升华。

在取材时，针对不同的样品、不同的观察要求，要采取不同的技术，使被观察表面充分地暴露出来；脱水时，为了避免观察表面皱缩变形，设计了特殊的干燥方法；此外，还必须对样品进行导电处理，在样品表面喷镀一层厚度适当、均匀的金属膜。

实验试剂与器材

1．材料

细胞（HeLa 细胞）爬片。

2．试剂

2.5%戊二醛溶液、1%锇酸溶液、0.2mol/L PBS、醋酸异戊酯、乙醇、液体二氧化碳、丙酮、双蒸水。

3．仪器与用具

扫描电子显微镜、临界点干燥仪、离子溅射仪、超声波清洗机、电吹风、磁力搅拌器、干燥器、抛光膏、刀片、剪刀、镊子、样品盒、酒精灯、牙签、竹签、培养皿、烧杯、量筒、量杯、注射器、载玻片、脱脂棉、导电胶等。

实验方法

1．准备样品托

用抛光膏擦净样品托，然后用丙酮洗净抛光膏，电吹风吹干备用。

2. 取材

注意保护好被观察表面，彻底清洗干净，暴露出最佳位置。样品体积应依据观察要求及样品托大小等酌情而定。

3. 固定、漂洗和脱水

将细胞爬片浸入 PBS 中，漂洗细胞表面。然后将细胞爬片放入青霉素小瓶中，加 4℃预冷的 2.5%戊二醛溶液，在 4℃固定 2h 或过夜，吸出固定剂；之后，用 PBS 浸洗 2 次，每次 10min，再用 4℃预冷的 1%锇酸，在 4℃固定 1h，然后用 PBS 浸洗 2 次，每次 10min。

4. 用醋酸异戊酯置换乙醇

弃去乙醇，用醋酸异戊酯与无水乙醇的混合液(体积比为 1∶1)浸泡 10～20min。弃去混合液，加入纯醋酸异戊酯，浸泡 10～20min。

5. 二氧化碳置换醋酸异戊酯及临界点干燥

从纯醋酸异戊酯中取出样品，保持湿状态时置入临界点干燥仪(critical point dryer)的样品盒并放进样品室(预冷)。盖紧样品室，充入液体二氧化碳，液面高出盒面。缓慢排出气体二氧化碳。直至样品保持湿润、周围有少量液体二氧化碳为止。重复充液排气 2～3 次。然后，向样品盒内注入液体二氧化碳(高度不超过 80%)，加热、加压、排气。取出样品放入干燥仪内备用。临界点干燥是利用水和气的临界状态下表面张力为零的特性，使样品中的液体气化而干燥，避免了表面张力对结构的破坏。

6. 粘贴样品

将少量导电胶涂在样品托上，用镊子轻夹样品侧面，观察面朝上置于样品托上。

7. 离子溅射镀膜

把样品托插入离子溅射仪真空室样品台上，操作溅射仪，可使样品表面覆盖一层 10～15nm 厚的金属膜。溅射镀膜的基本原理是：高能粒子轰击金属靶(金、铂、钯铱合金等)，靶金属原子获能后由靶表面逸出而沉积在样品表面，形成连续的导电膜。这种金属膜不仅可以导电，受激发产生较强的二次电子发射，而且使样品表面具有"质量-厚度"的一致性。严格地控制膜的厚度，是获得清晰、真实的二次电子表面形貌成像效果的重要条件。

8. 观察

按照扫描电子显微镜的操作要求进样(一般由专业人员操作)，观察细胞形貌。可见细胞表面存在大量微绒毛(图 4.4)。

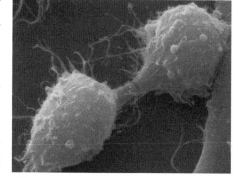

图 4.4　HeLa 细胞扫描电子显微镜表征图

 思考题

(1)简述在二次电子表面形貌成像时，对扫描电子显微镜生物样品的基本要求。

（2）简述扫描电子显微镜生物样品制备的过程。

实验四　植物细胞骨架的光学显微镜观察

实验目的

了解细胞骨架的结构特征及其制备技术。

实验原理

细胞骨架（cytoskeleton）是由蛋白质丝组成的复杂网状结构，根据其组成成分和形态结构可分为微管、微丝和中间纤维。它们对细胞形态的维持，细胞的生长、运动、分裂、分化，物质运输，能量转换，信息传递，基因表达起到重要作用。当用适当浓度的 TritonX-100 处理细胞时，可将细胞质膜和细胞质中的蛋白质和全部脂质溶解抽提，但细胞骨架系统的蛋白质不受破坏而被保存，经戊二醛固定，考马斯亮蓝 R250 染色后，可在光学显微镜下观察到由微丝组成的微丝束为网状结构，这就是细胞骨架（图 4.5）。

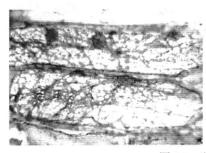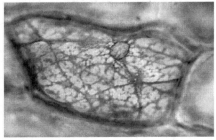

图 4.5　洋葱细胞骨架

实验试剂与器材

1. 材料

洋葱鳞茎。

2. 试剂

（1）M-缓冲液：50mmol/L 咪唑、50mmol/L KCl、0.5mmol/L $MgCl_2$、1mmol/L EGTA（乙二醇四乙酸）、0.1mmol/L EDTA（乙二胺四乙酸）、1mmol/L 巯基乙醇或 DTT（二硫苏糖醇）。

（2）6mmol/L（pH6.8）磷酸缓冲液（用 $NaHCO_3$ 调 pH）。

（3）1%TritonX-100：用 M-缓冲液配制。

（4）0.2%考马斯亮蓝 R250，其溶剂为：甲醇 46.5mL、冰醋酸 7mL、蒸馏水 46.5mL。

（5）3%戊二醛，用磷酸盐缓冲液配制的 50%、70%、95%乙醇，叔丁醇，正丁醇，二甲苯和中性树胶。

3. 仪器与用具

普通光学显微镜、50mL 烧杯、玻璃滴管、容量瓶、试剂瓶、载玻片、盖玻片、镊子、小剪刀、吸水纸、擦镜纸。

 实验方法

（1）撕取洋葱鳞茎内表皮（约 1cm² 大小，若干片）置于装有 pH6.8 磷酸缓冲液的 50mL 烧杯中，使其下沉。

（2）吸去磷酸缓冲液，用 1% TritonX-100 处理 20～30min。

（3）吸去 TritonX-100，用 M-缓冲液洗 3 次，每次 10min。

（4）3%戊二醛固定 0.5～1h。

（5）pH6.8 磷酸缓冲液洗 3 次，每次 10min。

（6）0.2%考马斯亮蓝 R250 染色 20～30min。

（7）用蒸馏水洗 1～2 次，细胞置于载玻片上，加盖玻片，于普通光学显微镜下观察。

（8）如观察效果好，可制作成永久切片：在有样品的 50mL 烧杯中，按照如下顺序处理样品：50%乙醇→70%乙醇→95%乙醇→1/2 V 95%乙醇＋1/2 V 叔丁醇→叔丁醇，每级 5～10min；或正丁醇→正丁醇→二甲苯→二甲苯，每级 5～10min，然后捞取样品，平展于载玻片上，经镜检，效果好的，可加一滴中性树胶，盖上盖玻片，即成永久切片。

 思考题

（1）绘出植物细胞骨架微丝结构图。

（2）分析和论述在光学显微镜下观察到的细胞骨架的形态特征。

实验五　鸡血细胞的体外融合

 实验目的

（1）了解聚乙二醇诱导体外细胞融合的基本原理。

（2）掌握细胞融合的基本方法。

 实验原理

细胞融合（cell fusion）又称体细胞杂交，是指用人工方法使两个或两个以上的体细胞融合成异核体细胞，随后，异核体同步进入有丝分裂，核膜崩溃，来自两个亲本细胞的基因组合在一起形成只含有一个细胞核的杂种细胞（hybrid cell）。细胞融合技术是研究细胞遗传、基因定位、细胞免疫、病毒和肿瘤的重要手段。依据融合过程采用的助融剂的不同，细胞融合可分为：①病毒诱导的细胞融合，如仙台病毒（hemagglutinating virus of Japan，HVJ）；②化学因子诱导的细胞融合，如聚乙二醇（PEG）；③电场诱导的细胞融合；④激光诱导的细胞融合。

　　PEG 是乙二醇的多聚化合物，存在一系列不同分子质量的多聚体。PEG 可改变各类细胞的膜结构，使两细胞接触点处脂类分子发生疏散和重组，引起细胞融合。该方法应用相对分子质量为 400～6000 的 PEG 溶液引起细胞的聚集和粘连，产生高频率的细胞融合。融合的频率和活力与所用 PEG 的相对分子质量、浓度、作用时间、细胞的生理状态与密度等有关。

实验试剂与器材

1. 材料

成年家鸡。

2. 试剂

（1）0.85% NaCl 溶液。

（2）GKN 溶液：8.0g NaCl、0.4g KCl、1.77g $Na_2HPO_4 \cdot 2H_2O$、0.69g $NaH_2PO_4 \cdot H_2O$、2.0g 葡萄糖、0.01g 酚红，溶于 1000mL 重蒸水中。

（3）50%（m/V）PEG 溶液：取 50g PEG（相对分子质量＝4000）放入含 100mL 去离子水的玻璃瓶中，混合均匀，121℃条件下高压蒸汽灭菌 20min；冷却至 50～60℃，避免 PEG 凝固。加入 50mL 预热的 GKN 溶液（50℃），混匀，置 37℃备用。

（4）Hanks 原液（10×）。

NaCl	80.0g
$Na_2HPO_4 \cdot 12H_2O$	1.2g
KCl	4.0g
KH_2PO_4	0.6g
$MgSO_4 \cdot 7H_2O$	2.0g
葡萄糖	10.0g
$CaCl_2$	1.4g

① 称取 1.4g 的 $CaCl_2$，溶于 30～50mL 重蒸水中。②取 1000mL 的烧杯及容量瓶各一个，先放重蒸水 800mL 于烧杯中，然后按上述配方顺序，逐一称取药品。必须在前一药品完全溶解后，方可加入下一药品，直到葡萄糖完全溶解后，再将已溶解的 $CaCl_2$ 溶液加入，最后转入容量瓶定容至 1000mL。

（5）Hanks 液。

Hanks 原液	100mL
重蒸水	896mL
0.5%酚红	4mL

配好的 Hanks 液，分装包扎好，贴上标签，经过灭菌后，4℃保存。

（6）Janus green 染液。

（7）肝素。

3．仪器与用具

显微镜、移液器、注射器、离心管、离心机、试管、血细胞计数板、水浴锅、滴管、烧杯、容量瓶、凹面载玻片、盖玻片等。

 实验方法

1．鸡血细胞的获得

从家鸡的翼根静脉用注射器采血，注入试管后，迅速加入肝素（100U 肝素/5mL 全血）混合，制成抗凝全血。

2．鸡血细胞储备液的制备

在抗凝全血的试管中，加入 4 倍体积的 0.85% NaCl 溶液，制成红细胞储备液，置于 4℃ 冰箱内一周内使用。

3．鸡血细胞悬液的制备

用移液器取鸡血细胞储备液 1mL，加入 4mL 0.85% NaCl 溶液，混匀后，1200r/min 离心 5min，弃去上清液，再加入 5mL 0.85% NaCl 溶液按上述条件离心一次。最后，弃去上清液，加入 10mL 的 GKN 溶液制成鸡血细胞悬液。

4．计数

用移液器取 0.5mL 鸡血细胞悬液，加 3.5mL 的 GKN 溶液进行稀释，在血细胞计数板上计数。若细胞浓度过大，用 GKN 溶液稀释至 1×10^7/mL 左右。

5．鸡血细胞的收集

用移液器吸取 1mL 鸡血细胞悬液放入离心管中，加入 4mL Hanks 液混匀，1000r/min 离心 5min。弃去上清液，用手指轻弹离心管底部，使沉淀的血细胞团块松散。

6．PEG 诱导细胞融合

用移液器吸取 0.5mL 37℃ 的 50% PEG 溶液，慢慢沿着离心管壁逐滴加入，边加边轻摇离心管，使 PEG 与细胞混匀，然后在 37℃ 水浴中静置 2min。

7．终止 PEG 作用

用移液器缓慢加入 5mL Hanks 液，轻轻吹打混匀，于 37℃ 水浴中静置 5min。

8．制备细胞悬液

用吸管轻轻吹打细胞团数次使细胞团分散，1000r/min 离心 5min，使细胞完全沉降。弃去上清液，加 Hanks 液，再离心一次，弃多数上清液，留少许溶液，混匀。

9．染色和镜检

吸取细胞悬液，在凹面载玻片上滴一滴，加入 Janus green 染液混匀，染色 3min 后盖上盖玻片，在显微镜下观察细胞融合情况。

10. 计算细胞融合率

细胞融合率是指在显微镜的视野内，已发生融合的细胞其细胞核总数与该视野内所有细胞（包括已融合细胞）的细胞核总数之比，通常以百分比表示，而且要进行多个视野测定，进行统计分析。

注意事项：

（1）本实验中，用 0.85% NaCl 液代替了 Alsver 液。实验证实，用 Alsver 液保存红细胞时间较短，而改用生理盐水则明显延长红细胞的保存时间且不影响细胞融合率。

（2）高 Ca^{2+} 浓度能够提高细胞融合率。有些抗凝剂中含有和 Ca^{2+} 结合的化合物，如 Alsver 液中柠檬酸钠的酸根与血液中的 Ca^{2+} 形成难解离的可溶性络合物，导致血液中的 Ca^{2+} 浓度降低，故起抗凝血作用，同时会造成细胞的融合率较低。

（3）必须严格控制 PEG 的作用时间，通常处理细胞 1～2min。PEG 和二甲基亚砜（DMSO）并用，可以提高细胞的融合率。

（4）融合细胞继续培养就变成一个杂种细胞，但它的染色体数不是两核的倍数，因为一些染色体会逐渐消失。

 思考题

（1）画出观察到的融合细胞，并计算融合率。

（2）试说明细胞融合的关键。

实验六　细胞显微测量

 实验目的

掌握显微测微计的基本原理及使用方法。

 实验原理

细胞长度、面积、体积的测量是研究正常的或病理组织细胞的基本方法之一。在显微镜下用来测量细胞长度的工具叫显微测量计，由目镜测微尺（ocular micrometer）和镜台测微尺（stage micrometer）组成，两尺要配合使用。目镜测微尺是放在目镜内的一直径为 2cm 圆形玻片上，里面有 100 等分格的刻度尺。每一小格表示的实际长度随不同的显微镜、不同放大倍数的物镜而不同。镜台测微尺是一块特制的载玻片，在它的中央由一片圆形盖片封固着一具有精细刻度的标尺，标尺全长为 1mm，分为 100 等份的小格，每小格的长度为 0.01mm（10μm），标尺的外围有一小黑环，便于找到标尺的位置。显微测量时，先用镜台测微尺标定目镜测微尺每小格所表示的实际长度。在测量细胞时，移去镜台测微尺，换上被测标本，用目镜测微尺即可测得观察标本的实际长度。

实验试剂与器材

1. 材料
静脉血。

2. 试剂
生理盐水、瑞氏（Wright）染色液。

3. 仪器与用具
显微镜、目镜测微尺、镜台测微尺、毛细管、载玻片、盖玻片、毛细管、试管、无菌采血针。

 实验方法

1. 制片
血涂片：用毛细管采集小鼠眼眶静脉丛血适量，制成血涂片，晾干后，滴加适量瑞氏染色液，室温下静置15～30min。用自来水轻轻冲洗，晾干备用。

2. 长度测量
（1）取下目镜，将目镜测微尺的刻度面向下放入目镜内的视场光阑上，再旋上透镜。

（2）将镜台测微尺盖片面朝上放在载物台上，用低倍镜观察，调节焦距看清镜台测微尺的刻度。

（3）移动镜台测微尺，同时转动目镜，使目镜测微尺与镜台测微尺平行靠近，并将两尺的"0"点刻度线或某刻度线对齐。然后从左向右查看两尺刻度线另一重合处，分别记录重合线间目镜测微尺和镜台测微尺的格数。以下式计算目镜测微尺每小格表示的实际长度。

$$目镜测微尺每小格实际长度（\mu m）=\frac{镜台测微尺格数×10\ \mu m}{目镜测微尺格数}$$

（4）移去镜台测微尺，换上血涂片，用目镜测微尺测量细胞所占小格数并乘以目镜测微尺每小格代表的实际长度，即为被测细胞的实际长度（图4.6）。

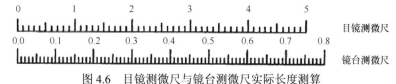

图4.6　目镜测微尺与镜台测微尺实际长度测算

3. 厚度测量法
测量细胞的厚度，最简便的方法是利用显微镜上的微调焦轮上的标尺对细胞厚度进行测量。先将焦点面与被测物体的上端对齐一致，记下轮上的度数，然后旋转微调轮，使焦点面与下端对齐一致，再记下度数，两者之差，便是所测物体的厚度。

此法简单但不精确。

注意事项：

（1）如果需换用高倍镜或油镜测量时，要用同样的方法重新计算高倍镜或油镜下目镜测微尺每小格的实际长度。

（2）在测量时要注意将被测物体放在视野中央，因为这个位置镜像最清晰，相差最小。

（3）每一种被测物体（细胞）需反复测量数个或数十个，采用其平均值。

 思考题

（1）测量 10 个红细胞的长度，求其平均值。

（2）根据测量结果写实验报告。

附1：根据长度测量结果计算细胞、细胞核的体积及核质比

椭圆形 $V = 4/3\pi ab^2$

式中，a、b 分别为长短半径。

圆球形 $V = 4/3\pi R^3$

式中，R 为半径。

核质比 $NP = V_n/V_c - V_n$

式中，V_n 为核体积；V_c 为细胞体积。

附2：镜台移动尺的使用

一些较精细的显微镜的镜台上装有标本推进器，它有纵横可移动的游标尺，既可测量标本的长度，又可确定标本的位置。游标尺由主标尺和副标尺组成，主标尺刻有 1mm 的刻度，副标尺的分度为主标尺的 9/10，读数精度为 0.1mm，读数时先看副标尺的位置，再看副标尺和主标尺的重合点即可读出。

实验七　DNA 的细胞化学——Feulgen 反应

 实验目的

了解 Feulgen 反应的原理，掌握有关的操作方法。

 实验原理

Feulgen 反应是一种定性检测 DNA 的经典染色方法，由 Feulgen 和 Rossenbeck 于 1924 年提出。其基本原理为：DNA 是由许多单核苷酸聚合成的多核苷酸，每个单核苷酸又由磷酸、脱氧核糖和碱基构成。DNA 经 1mol/L 盐酸水解，其上的嘌呤碱和脱氧核糖之间的糖苷键断开，使脱氧核糖的第一碳原子上形成游离的醛基，这些醛基可与 Schiff 试剂反应。生成紫红色产物，使得细胞内所有含 DNA 的部位呈紫红色阳性反应。Schiff 试剂是一种显示醛基的特异性试剂，是由碱性品红（紫红色）经亚硫酸处理后形成的无色溶液。当 Schiff 试剂遇到醛基时，其可被还原成原有的紫红色。紫红色的产生，是由于反应产物的分子内含有醌基，醌基是一个发色基团，所以有颜色。材料不经过水解或预先用热的三氯醋酸或 DNA 酶处理，得到的反应是阴性的，从而证明了 Feulgen 反应的专一性。酸水解核酸的程度与水解时间长短有关，随着水解时间的延长，嘌呤碱基增多，形成的醛基也随之增多，Feulgen 反应加强。如果水解时间过长，DNA 将完全水解，反而使 Feulgen 反应减弱。由于 Schiff 试剂能与醛基结合，故不能用含醛的固定液固定组织，常用 Carnoy 固定液（乙醇与冰醋酸的混合溶液）。

 ## 实验试剂与器材

1. 材料
洋葱鳞茎或根尖。

2. 试剂
（1）1mol/L 盐酸：取 82.5mL 相对密度为 1.19 的浓盐酸加蒸馏水至 1000mL。

（2）Schiff 试剂：称取 0.5g 碱性品红加至 100mL 煮沸的蒸馏水中（用三角烧瓶），持续振荡，继续煮 5min（勿使之沸腾），使之充分溶解。然后冷却至 50℃，用滤纸过滤，滤液中加入 10mL 1mol/L HCl，冷却至 25℃时，加入 0.5g $Na_2S_2O_5$（偏重亚硫酸钠/钾），充分振荡后，塞紧瓶塞，在室温暗处静置至少 24h（有时需 2～3d），使其颜色退至淡黄色，然后加入 0.5g 活性炭，用力振荡 1min，最后用粗滤纸过滤至棕色瓶中，封严瓶塞，外包黑纸。滤液应无色也无沉淀，贮于 4℃冰箱中备用。如有白色沉淀，就不能再使用，如颜色变红，可加入少许偏重亚硫酸钠/钾，使之再转变为无色时，仍可再用。

（3）亚硫酸水溶液：取 200mL 自来水，加 10mL 10%偏重亚硫酸钠（或偏重亚硫酸钾）水溶液和 10mL HCl（1mol/L），三者于使用前混匀。

3. 仪器与用具
显微镜、恒温水浴箱、温度计、酒精灯、烧杯、载玻片、盖玻片、滤纸。

 ## 实验方法

（1）将洋葱根尖或鳞茎内表皮放在 1mol/L HCl 中，加热到 60℃水解 8～10min。

（2）蒸馏水水洗。

（3）Schiff 试剂遮光染色 30min。

（4）用新鲜配制的亚硫酸水溶液洗 3 次，每次 1min。

（5）水洗 5min。

（6）将根尖放在载玻片上，用镊子捣碎，盖上盖玻片，压片（洋葱表皮可省去压片这一步）。

（7）显微镜检查。

结果：细胞中凡有 DNA 的部位应呈现紫红色的阳性反应。

对照组操作方法有以下两种。①先将材料放在 5%三氯醋酸中 90℃水浴 15min，主要把 DNA 抽提掉，然后按实验步骤（1）～（7）制片观察。②材料不经 1mol/L HCl 水解，直接放在 Schiff 试剂中染色，然后按步骤（4）～（7）制片观察。

 思考题

（1）简述 Feulgen 反应的原理和实验的关键步骤。

（2）图示洋葱根尖细胞或鳞茎表皮细胞 DNA 的分布部位。

实验八　RNA 的细胞化学——Brachet 反应

 实验目的

了解 Brachet 反应的原理，掌握有关的操作方法。

 实验原理

Brachet 反应是一种对细胞中 DNA、RNA 进行定位、定性和定量的分析方法。其基本原理为：甲基绿-派洛宁（Methyl green-Pyronin）为碱性染料，它能分别与细胞内的 DNA、RNA 结合而呈现不同颜色。当甲基绿与派洛宁作为混合染料时，甲基绿和染色质中的 DNA 选择性结合显示绿色或蓝色；派洛宁与核仁、细胞质中的 RNA 选择性结合显示红色。其原因可能是两种染料在混合染液中有竞争作用，同时两种核酸分子都是多聚体，而其聚合程度有所不同。甲基绿易与聚合程度高的 DNA 结合呈现绿色。而派洛宁则与聚合程度较低的 RNA 结合呈现红色，但解聚的 DNA 也能和派洛宁结合呈现红色。即 RNA 对派洛宁亲和力大，被染成红色，而 DNA 对甲基绿亲和力大，被染成蓝绿色。

 实验试剂与器材

1. 材料

洋葱鳞茎表皮。

2. 试剂

（1）Unna 试剂：甲基绿-派洛宁（Methyl green-Pyronin）染色液。

甲液：5%派洛宁水溶液　　　　　　　　　 6mL

　　　　2%甲基绿水溶液　　　　　　　　 6mL

　　　　蒸馏水　　　　　　　　　　　　 16mL

乙液：1mol/L 醋酸缓冲液（pH4.8）16mL。

甲、乙两液分别置 4℃冰箱备用，用时将两液混匀。

（2）1mol/L 醋酸缓冲液（pH4.8）。

A 液：冰醋酸 6mL 加蒸馏水至 100mL。

B 液：醋酸钠 13.5g 加蒸馏水 100mL。

取 A 液 40mL＋B 液 60mL 混匀 pH 即为 4.8。

配制注意事项：①Pyronin 可加热助溶。②Methyl green 批号不同，染色效果差别很大。商品 Methyl green 常混有甲基紫，影响染色效果，应先把药品放在分液漏斗中，加入足量的氯仿，用力振荡，然后静置，直到洗脱甲基紫为止，最后干燥备用。

3. 仪器与用具

显微镜、镊子、载玻片、盖玻片、吸水纸。

 实验方法

（1）用镊子撕取洋葱鳞茎内表皮一小块，置于载玻片上。

（2）滴一滴 Unna 试剂，染色 30min。

（3）蒸馏水洗两次，吸水纸吸去多余的水分。

（4）盖上盖玻片，镜检。

对照：①撕取洋葱鳞茎内表皮，经 5%三氯醋酸 90℃水浴处理 15min。再经 70%乙醇洗片刻，然后按步骤（1）～（4）制片观察。②撕取洋葱鳞茎内表皮，用 0.1% RNA 酶室温处理 10～15min。蒸馏水洗，吸干，然后按步骤（1）～（4）制片观察。

 思考题

（1）简述 Brachet 反应的原理。

（2）图示细胞中 RNA 和 DNA 的分布。

实验九　植物基因组 DNA 的提取

 实验目的

CTAB 法提取植物基因组 DNA。

 实验原理

与动物细胞相比，植物细胞具有细胞壁，因此提取 DNA 时通常采用机械研磨的方法破碎植物的组织和细胞。由于植物细胞匀浆含有多种酶类（尤其是氧化酶类），对 DNA 的抽提产生不利的影响，在抽提缓冲液中需加入抗氧化剂或强还原剂（如巯基乙醇）以降低这些酶类的活性。在液氮中研磨，材料易于破碎，并可减少研磨过程中各种酶类的作用。十六烷基三甲基溴化铵（hexadecyl trimethyl ammonium bromide，CTAB）为离子型表面活性剂，能溶解细胞膜和核膜蛋白，使核蛋白解聚，从而使 DNA 得以游离出来。再加入苯酚和氯仿等有机溶剂，能使蛋白质变性，并使抽提液分相，因核酸（DNA、RNA）水溶性很强，经离心后即可从抽提液中除去细胞碎片和大部分蛋白质。向上清液中加入无水乙醇使 DNA 沉淀，沉淀 DNA 溶于 TE 缓冲液中，即得植物总 DNA 溶液。CTAB 法对于去除多糖类杂质及蛋白质污染具有较好的效果。

 实验试剂与器材

1. 材料

玉米种子，置于容器中的湿基质上萌发，当小苗生长到 4～5cm 高时，即可收集用于实验。

2. 试剂

（1）2×CTAB 缓冲液：2% CTAB、0.1mol/L Tris-HCl（pH 8.0）、20mmol/L EDTA（pH 8.0）、1.4mol/L NaCl、1% PVP（聚乙烯吡咯烷酮）、0.2% β-巯基乙醇。

（2）DNA 洗液：5mmol/L 醋酸钠与 75%乙醇的混合液（体积比为 1∶9）。

（3）TE 缓冲液：10mmol/L Tris-HCl（pH 8.0）、1mmol/L EDTA。

（4）Tris 平衡酚、氯仿/异戊醇（24∶1）、异丙醇、无水乙醇、75%乙醇、3mol/L NaAc（pH 5.2）、液氮。

3. 仪器与用具

水浴锅、高速离心机、陶瓷研钵及研磨棒（耐液氮）、Eppendorf 离心管（EP 管）、金属小匙、微量进样器及配套的枪头。

 实验方法

（1）材料的研磨及 DNA 的抽提：取适量的植株幼苗在液氮中快速研磨，用洁净的金属小匙，将研磨得到的粉末迅速分装到 EP 管中，每个管中加 65℃ 预热的 2×CTAB 溶液，继续在 65℃水浴中反应 1h，其间每隔 10min 颠倒混匀数次。

（2）冷却后，每管加入等体积的氯仿/异戊醇，颠倒混匀，10 000g 离心 15min，收集上层水相至另一干净离心管中。

（3）加入等体积异丙醇，混匀，室温静置 30min，10 000g 离心 15min，收集沉淀，得到初步的 DNA 产物。

（4）DNA 沉淀在 DNA 洗液中浸泡 10min，倾去洗液，待洗液中的乙醇成分挥发后，沉淀重溶于数倍体积 TE 缓冲液中。

（5）DNA 溶液加入等体积的酚/氯仿/异戊醇混合液（酚：氯仿：异戊醇＝25：24：1，*V/V/V*），混匀，10 000*g* 离心 15min，进一步去除蛋白质成分。

（6）收集上层水相，加入 1/10 体积的 3mol/L NaAc（pH5.2），再加入 2 倍体积的无水乙醇，低温条件下静置 30min 或者过夜，以充分沉淀 DNA。

（7）离心收集沉淀，75%乙醇洗涤，干燥，重溶于 TE 缓冲液即可。

注意事项：

（1）第一次沉淀选用异丙醇而不是无水乙醇，不仅用量少，而且用异丙醇沉淀，带入的多糖类杂质相对较少。

（2）为了减少叶绿体 DNA 对核基因组 DNA 提取的污染，也可将小苗置于黑暗条件下生长，得到不含叶绿体的黄化苗作为实验材料。

 思考题

CTAB 法提取植物基因组 DNA 过程中，哪些步骤直接影响提取 DNA 的产量和纯度？

实验十 不同种类氧化石墨烯的细胞毒性评价

 实验目的

（1）掌握 MTT 法细胞毒性评价的基本原理与评价方法。

（2）理解表面化学性质对氧化石墨烯细胞毒性作用的影响机制。

 实验原理

近年来，凭借其独特的物理化学性质，如粒径小、比表面积大和易于进行加工修饰等，纳米材料在生物医学领域显示出良好的应用前景。然而，纳米材料的生物安全性最终决定其能否真正应用于生物医学领域。因此，评价纳米材料的生物安全性是极其必要的。

细胞毒性评价是进行纳米材料生物安全性研究常用的一种方法。其中，噻唑蓝［3-（4，5-dimethyl-2-thiazolyl）-2，5-diphenyl-2-H-tetrazolium bromide，MTT］比色法最为常用。其检测原理为：活细胞线粒体中的琥珀酸脱氢酶能使外源性 MTT 还原为水不溶性的蓝紫色结晶甲䐶（formazan），并沉积在细胞中，而死细胞无此功能。二甲基亚砜（DMSO）能溶解细胞中的甲䐶，用酶标仪在 490nm 波长处测定其光吸收值，在一定细胞数范围内，MTT 结晶形成的量与细胞数成正比。根据测得的吸光度值（OD 值）来判断活细胞数量，OD 值越大，细胞活性越强。

实验试剂与仪器

1. 材料

氧化石墨烯（GO）及其衍生物（GO-PEG、GO-PEG-PEI）；293T 细胞。

2. 试剂

胰酶、DMEM 细胞完全培养基（含 10%胎牛血清）、MTT 溶液（5mg/mL）、二甲基亚砜、磷酸盐缓冲液（PBS）。

3. 仪器与用具

高速离心机、二氧化碳培养箱、酶标仪、血球计数板、96 孔细胞培养板。

 实验方法

1. 细胞制备

将处于对数生长期的 293T 细胞用胰酶进行消化，消化好后加入 2～3 倍胰酶体积的 DMEM 完全培养基终止消化，1200r/min 离心 3～5min；弃去上清，加入适量 DMEM 完全培养基制备单细胞悬液，用血球计数板进行细胞计数，之后用培养基稀释至 5×10^4/mL，向 96 孔细胞培养板中每孔加入 200μL 细胞悬液，置于二氧化碳恒温培养箱中培养 24h，备用。

2. 材料处理

用 DMEM 完全培养基对不同种类氧化石墨烯及其衍生物进行梯度稀释，从而获得不同浓度梯度的溶液，如 5μg/mL、10μg/mL、20μg/mL、40μg/mL、80μg/mL 和 160μg/mL（图 4.7）；弃去 96 孔板中的培养基，向培养孔中加入 200μL 含不同浓度、材料的培养基，每个浓度处理组做 6 个重复平行孔，同时设置阴性对照组（不含材料的完全培养基，图 4.8）；置于二氧化碳恒温培养箱中培养 24h。

3. MTT 检测

弃去培养上清，加入适量磷酸盐缓冲液，洗涤 2～3 次；用 DMEM 完全培养基将 MTT 溶液（5mg/mL）稀释 6 倍，混合均匀；向每孔中加入 120μL MTT 溶液，继续培养 4h；弃去上清，向每孔加入 150μL 二甲基亚砜，室温下避光，在摇床上轻轻振荡 5～10min。最后用酶标仪在 560nm 处检测其吸光度（OD_{560nm}），与阴性对照组相比较，按如下公式计算材料处理组细胞的相对细胞活力。

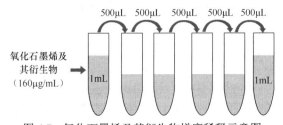

图 4.7　氧化石墨烯及其衍生物梯度稀释示意图

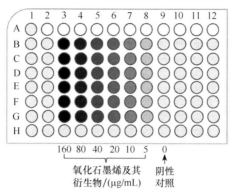

图4.8　材料处理分组示意图

细胞活力（%）＝实验组细胞 OD_{560nm}/阴性对照组 OD_{560nm}×100

思考题

为了保证检测的准确性，在评价过程中需要注意哪些地方？

推荐阅读文献

Xu L G, Xiang J, Liu Y, et al. 2016. Functionalized graphene oxide serves as a novel vaccine nano-adjuvant for robust stimulation of cellular immunity. Nanoscale, 8: 3785-3795.

Yang K, Feng L Z, Shi X Z, et al. 2013. Nano-graphene in biomedicine: theranostic applications. Chem Soc Rev, 42: 530-547.

参 考 文 献

弗雷谢尼 R I. 2014. 动物细胞培养：基本技术和特殊应用指南. 6版. 章静波，徐存栓译. 北京：科学出版社.

王金发. 2003. 细胞生物学实验教程. 北京：科学出版社.

第五章

纳米生物学交叉实验之微生物学篇

众所周知，人类与微生物之间存在着非常密切的关系。微生物主要包括细菌、真菌、病毒和一些小型原生生物，其中细菌和病毒感染直接威胁着人类的生命安全，造成了巨大的经济损失。然而，抗生素的滥用使得细菌耐药性的问题日益严重。因此，开发安全有效的新型抗菌药物成为抗菌领域亟待解决的问题。凭借其独特的理化性质，纳米材料作为新型抗菌材料受到研究人员的广泛关注。结合微生物学的基本研究方法，本章将通过"不同种类纳米材料与细菌的相互作用比较"使学生掌握研究纳米材料与细菌相互作用的基本原理与方法。

实验一　微生物学实验常用器皿及使用方法

实验目的

（1）掌握微生物学实验中常用器皿的名称、用途及使用方法。
（2）掌握微生物学实验中常用器皿的清洗与包装方法。

实验原理

微生物学实验常用的器皿包括玻璃平皿、玻璃试管、三角烧瓶、接种工具（接种针、接种环、玻璃涂布器等）、移液管和移液器等。其中，玻璃器皿大多需要进行高温、高压灭菌处理才能用于微生物的培养，因此对其质量、洗涤和包装方法均有一定要求。一般情况下，玻璃器皿要求硬质玻璃，才能承受高温和短暂烧灼而不致破损；器皿的游离碱含量要少，否则会影响培养基的酸碱度；玻璃器皿的形状和包装方法，以能最大限度地防止污染杂菌为准；洗涤方法不恰当也会影响实验结果。

实验用具

试管、玻璃吸管、培养皿、三角烧瓶、载玻片、盖玻片、滴瓶、接种工具、牛皮纸、报纸、线绳等。

实验方法

一、常用玻璃器皿的种类

微生物学实验室所用的玻璃试管，其管壁必须比化学实验室用的厚些，这样在塞棉花塞时，管口不易破损。试管的形状要求没有翻口，否则微生物容易从棉塞与管口的缝隙间进入试管而造成污染。此外，现在有不用棉塞而用铝制或塑料制的试管帽，若用翻口试管也不便于操作。有的实验要求尽量减少试管内水分的蒸发，则需使用螺口试管，盖以螺口胶木或塑料帽。

1. 试管

试管的大小可根据用途的不同，分为下列 3 种型号（图 5.1）。

（1）大试管（约 18mm×180mm）可盛倒培养用的培养基，也可制备琼脂斜面用（需要大量菌体时用）。

（2）中试管［(13～15)mm×(100～150)mm］盛液体培养基或做琼脂斜面用，也可用于病毒等的稀释和血清学试验。

（3）小试管［(10～12)mm×100mm］一般用于糖发酵试验或血清学试验，以及其他需要节省材料的试验。

2. 德汉氏小管

观察细菌在糖发酵培养基内的产气情况时，一般在小试管内再套一倒置的小套管（6mm×36mm），此小套管即为德汉氏小管（Durham tube），又称发酵小套管，如图 5.2 所示。

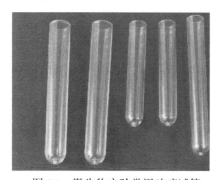

图 5.1 微生物实验常用玻璃试管

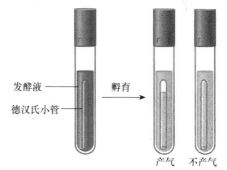

发酵液
德汉氏小管
孵育
产气　不产气

图 5.2 德汉氏小管示意图

3. 移液管和移液器

（1）移液管：微生物学实验常用的移液管多为玻璃吸管，包括 1mL、5mL、10mL 和 25mL 多种规格，使用时需要配备洗耳球进行液体的吸取与排出。与化学实验室所用的不同，其刻度指示的容量往往包括管尖的液体体积，即使用时要注意将所吸液体吹尽，故有时称为"吹出"吸管。市售细菌学用吸管（图 5.3），有的在吸管上端刻有"吹"字。另外，一次性塑料无菌移液管（同样包含 1mL、5mL、10mL 和

25mL 多种规格）目前在实验室也比较常用，需要配备电动移液器，使用时要缓慢吸取液体，避免吸入移液器。与玻璃移液管相比，操作更加方便。

（2）移液器：移液器主要部件有外壳、按钮、弹簧、活塞和可装卸的吸头。按动按钮，通过弹簧使活塞上下活动，从而吸进和放出液体。其特点是吸取液体更加准确，操作方便、迅速。具体使用方法参见第一章第三节内容。

4. 培养皿

目前实验室常用的有塑料培养皿（图 5.4）和玻璃培养皿两种，均有多种规格，包括直径 60mm、75mm、90mm、100mm 和 120mm。其中，塑料培养皿多为一次性无菌培养皿，玻璃培养皿则可以通过高压灭菌处理后反复使用。有特殊需要时，可使用陶器皿盖，因其能吸收水分，使培养基表面干燥。例如，测定抗生素生物效价时，培养皿不能倒置培养，则用陶器皿盖为好。

细菌培养皿主要用于制备固体培养基平板，用于分离、纯化、鉴定菌种，微生物计数，以及测定抗生素、噬菌体的效价等。

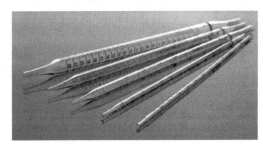

图 5.3　各种规格移液管　　　　图 5.4　不同规格的塑料培养皿

5. 三角烧瓶与烧杯

三角烧瓶有 100mL、250mL、500mL、1000mL 等不同规格，可盛放水或培养基，经高压灭菌后用于微生物学实验。常用的烧杯有 50mL、100mL、250mL、500mL、1000mL 等规格，用来配制培养基与药品。

6. 注射器

注射器一般有 1mL、2mL、5mL、10mL、20mL、50mL 等不同规格。注射抗原至动物体内可根据需要使用规格为 1mL、2mL 和 5mL 的注射器；抽取动物心脏血或静脉血可采用规格为 10mL、20mL、50mL 的注射器。

微量注射器有 10μL、20μL、50μL、100μL 等不同规格。一般在免疫学或纸层析等实验中滴加微量样品时使用。

7. 载玻片与盖玻片

普通载玻片大小为 75mm×25mm，用于微生物涂片、染色，做形态观察等。盖玻片大小为 18mm×18mm。

8. 双层瓶

双层瓶由内外两个玻璃瓶组成，内层小锥形瓶盛放香柏油，供油镜观察微生物时使用，外层瓶盛放二甲苯，用以擦净油镜头。

9. 滴瓶

滴瓶在定性实验中，用于盛放各种染液（棕色滴瓶）和生理盐水（白色滴瓶）等溶液，如图 5.5 所示。

10. 接种工具

接种工具有接种环、接种针、接种钩、接种铲和玻璃涂布器等。制造环、针、钩、铲的金属可用铂或镍，原则是软硬适度，能经受火焰反复

图 5.5　滴瓶

烧灼，且易冷却。接种细菌和酵母菌用接种环和接种针，其铂丝或镍丝的直径以 0.5mm 为宜，环的内径约 2mm，环面应平整。接种某些不易与培养基分离的放线菌和真菌，有时用接种钩或接种铲，其金属丝的直径要求粗一些，约 1mm。用涂布法在琼脂平板上分离单个菌落时需用玻璃涂布器，其是将玻璃棒弯曲或将玻璃棒一端烧红后压扁而成。

二、常用玻璃器皿的清洗方法

清洁的玻璃器皿是实验得到正确结果的先决条件，因此，玻璃器皿的清洗是实验前的一项重要准备工作。清洗方法根据实验目的、器皿的种类、所盛放的物品、洗涤剂的类别和沾污程度等的不同而有所不同。分述如下。

1. 新玻璃器皿的洗涤方法

新购置的玻璃器皿含游离碱较多，应在酸溶液内先浸泡数小时。酸溶液一般用 2% 的盐酸或洗涤液。浸泡后用自来水冲洗干净。

2. 使用过的玻璃器皿的洗涤方法

（1）试管、培养皿、三角烧瓶、烧杯等：可用瓶刷或海绵蘸上肥皂或洗衣粉或去污粉等洗涤剂刷洗，然后用自来水充分冲洗干净。热的肥皂水去污能力更强，可有效地洗去器皿上的油污。洗衣粉和去污粉较难冲洗干净而常在器壁上附有一层微小粒子，故要用水多次甚至 10 次以上充分冲洗，或可用稀盐酸摇洗一次，再用水冲洗，然后倒置于铁丝框内或有空心格子的木架上，在室内晾干。急用时可盛于框内或搪瓷盘上，放烘箱烘干。

玻璃器皿经洗涤后，若内壁的水是均匀分布成一薄层，表示油垢完全洗净，若挂有水珠，则还需用洗涤液浸泡数小时，然后再用自来水充分冲洗。

装有固体培养基的器皿应先将其刮去，然后洗涤。带菌的器皿在洗涤前先浸在 2% 煤酚皂溶液（来苏水）或 0.25% 新洁尔灭消毒液内 24h 或煮沸半小时，再用上述方法洗涤。装带病原菌的培养物的玻璃器皿最好先行高压蒸汽灭菌，然后将培养物倒去，再进行洗涤。

盛放一般培养基用的器皿经上述方法洗涤后，即可使用，若需精确配制化学药品，或做科研用的精确实验，要求自来水冲洗干净后，再用蒸馏水淋洗 3 次，晾干

或烘干后备用。

（2）玻璃吸管：吸过血液、血清、糖溶液或染料溶液等的玻璃吸管（包括毛细吸管），使用后应立即投入盛有自来水的量筒或标本瓶内，免得干燥后难以冲洗干净。量筒或标本瓶底部应垫以脱脂棉花，否则吸管投入时容易破损。待实验完毕，再集中冲洗。若吸管顶部塞有棉花，则冲洗前先将吸管尖端与装在水龙头上的橡皮管连接，用水将棉花冲出，然后再放入吸管自动洗涤器内冲洗，没有吸管自动洗涤器的实验室可用冲出棉花的方法多冲洗片刻。必要时再用蒸馏水淋洗。洗净后，放搪瓷盘中晾干，若要加速干燥，可放烘箱内烘干。

吸过含有微生物培养物的吸管也应立即投入盛有 2%煤酚皂溶液或 0.25%新洁尔灭消毒液的量筒或标本瓶内，24h 后方可取出冲洗。

吸管的内壁如果有油垢，同样应先在洗涤液内浸泡数小时，然后再行冲洗。

（3）载玻片与盖玻片：用过的载玻片与盖玻片如滴有香柏油，要先用皱纹纸擦去或浸在二甲苯内摇晃几次，使油垢溶解，再在肥皂水中煮沸 5～10min，用软布或脱脂棉花擦拭，立即用自来水冲洗，然后在稀洗涤液中浸泡 0.5～2h，自来水冲去洗涤液，最后用蒸馏水换洗数次，待干后浸于 95%乙醇中保存备用。使用时在火焰上烧去乙醇。用此法洗涤和保存的载玻片和盖玻片清洁透亮，没有水珠。

检查过活菌的载玻片或盖玻片应先在 2%煤酚皂溶液或 0.25%新洁尔灭溶液中浸泡 24h，然后按上述方法洗涤与保存。

三、洗涤液的配制与使用

1．洗涤液的配制

洗涤液分浓溶液与稀溶液两种，配方如下。

浓溶液：重铬酸钠或重铬酸钾（工业用）　　50g
　　　　自来水　　　　　　　　　　　　　150mL
　　　　浓硫酸（工业用）　　　　　　　　800mL
稀溶液：重铬酸钠或重铬酸钾（工业用）　　50g
　　　　自来水　　　　　　　　　　　　　850mL
　　　　浓硫酸（工业用）　　　　　　　　100mL

配制方法：将重铬酸钠或重铬酸钾先溶解于自来水中，可慢慢加温，使其溶解，冷却后徐徐加入浓硫酸，边加边搅动。配好后的洗涤液应为棕红色或橘红色。贮存于有盖容器内。

2．原理

重铬酸钠或重铬酸钾与硫酸作用后形成铬酸（chromic acid），铬酸的氧化能力极强，因而此液具有极强的去污作用。

3．使用注意事项

（1）洗涤液中的硫酸具有强腐蚀作用，玻璃器皿浸泡时间太长，会使玻璃变质，因此切忌到时忘记将器皿取出冲洗。洗涤液若沾污衣服和皮肤应立即用水洗，再用苏打水或氨液洗。如果溅在桌椅上，应立即用水洗去或用湿布抹去。

（2）玻璃器皿投入前，应尽量干燥，避免稀释洗涤液。

（3）此液的使用仅限于玻璃和瓷质器皿，不适用于金属和塑料器皿。

（4）有大量有机质的器皿应先行擦洗，然后再用洗涤液，这是因为有机质过多会加快洗涤液失效。此外，洗涤液虽为很强的去污剂，但也不是所有的污迹都可清除。

（5）盛洗涤液的容器应始终加盖，以防氧化变质。

（6）洗涤液可反复使用，但当其变为墨绿色时即已失效，不能再用。

四、玻璃器皿的包装

1. 培养皿的包装

培养皿常用旧报纸密密包紧，一般以 5～8 套培养皿作一包，少于 5 套工作量太大，多于 8 套不易操作。包好后进行高温高压灭菌。如将培养皿放入铜筒内进行干热灭菌，则不必用纸包，铜筒有一圆筒形的带盖外筒，里面放一装培养皿的带底框架，此框架可自圆筒内提出，以便装取培养皿。

2. 吸管的包装

准备好干燥的吸管，在距其粗头顶端约 0.5cm 处，塞一小段长约 1.5cm 的棉花，以免使用时将杂菌吹入其中，或不慎将微生物吸出管外。棉花要塞得松紧恰当，过紧，吹吸液体太费力；过松，吹气时棉花会下滑。然后，分别将每支吸管尖端斜放在旧报纸条的近左端，与报纸约成 45°，并将左端多余的一段纸覆折在吸管上，再将整根吸管卷入报纸，右端多余的报纸打一小结。取如此包好的多根吸管，再用一张大报纸包好，进行干热灭菌。

如果有装吸管的铜筒，也可将分别包好的吸管一起装入铜筒，进行干热灭菌；若预计一筒灭菌的吸管可一次用完，也可不用报纸包而直接装入铜筒灭菌，但要求将吸管的尖端插入筒底，粗端在筒口，使用时，铜筒卧放在桌上，用手持粗端拔出。

3. 试管和三角烧瓶等的包装

试管管口和三角烧瓶瓶口塞以棉花塞，然后在棉花塞与管口和瓶口的外面用两层报纸（不可用油纸）与细线包扎好，进行干热灭菌。试管塞好棉花塞后也可一起装在铁丝篓中，用大张报纸将一篓试管口做一次包扎，包纸的目的在于避免保存期灰尘侵入。

空的玻璃器皿一般用干热灭菌，若需湿热灭菌，则要多用几层报纸包扎，外面最好再加一层牛皮纸。

如果试管盖的是铝帽，则不必包纸，可直接干热灭菌。若用塑料帽，则宜湿热灭菌。

 思考题

简述试管、培养皿、三角瓶、载玻片等在微生物培养中的作用。

实验二　微生物培养基的配制和高压蒸汽灭菌

 实验目的

（1）学习和掌握配制培养基的一般方法和步骤。

（2）掌握牛肉膏蛋白胨培养基的配制方法。

（3）掌握培养基按照不同用途进行分装的方法。

（4）掌握高压蒸汽灭菌的原理、应用范围及操作方法。

 实验原理

培养基是按照各种微生物生长的营养需要将各种物质混合在一起配制成的营养基质，用以培养或分离各种微生物。因此，营养基质应当有微生物所能利用的营养成分（包括碳源、氮源、能源、无机盐、生长素）和水。根据微生物的种类和实验目的不同，培养基也有不同的种类和配制方法。

一、培养基的分类

（一）按培养基的成分

1. 天然培养基

天然培养基主要成分是天然有机物质，如马铃薯、豆芽汁、牛肉膏、蛋白胨、血清等。这些天然有机物质成分比较复杂且不完全清楚，其中各成分的数量也不恒定。这类培养基是实验室常用的培养基，如牛肉膏蛋白胨培养基、马铃薯培养基等。

2. 合成培养基

用化学成分明确的高纯度试剂配制而成的培养基，如高氏 1 号培养基、查氏培养基等。一般用于营养代谢、分类鉴定、菌种选育、遗传分析等。

（二）按培养基的物理状态

1. 固体培养基

在液体培养基中加入凝固剂即固体培养基。实验常用的凝固剂有琼脂、明胶和硅胶。由于明胶的熔化温度（25℃）与凝固温度（20℃）相差不大，且易被微生物降解等，其已逐渐被琼脂替代。硅胶主要用于配制自养微生物的固体培养基。对其他多数微生物来讲，以琼脂最为合适，一般加入 1.5%～2.5% 即可凝固成固体。此培养基可供分离、鉴定、活菌计数、菌种保藏等用。

2. 半固体培养基

在液体培养基中加入少量凝固剂即为半固体培基,如琼脂只需加入 0.2%～0.7%。常用作细菌动力检查和菌种保存、噬菌体制剂的制备等。

3．液体培养基

没有加琼脂，配好后呈液体状态的培养基。常用于生理代谢的研究和工业发酵等。

（三）按培养基的用途

1．基础培养基

基础培养基含有一般细菌生长繁殖需要的基本的营养物质。最常用的基础培养基是天然培养基中的牛肉膏蛋白胨培养基。这种培养基可作为一些特殊培养基的基础成分。

2．营养培养基

在基础培养基中加入某些特殊营养物质，如血液、血清、酵母浸膏或生长因子等。用以培养对营养要求高的微生物，如培养百日咳杆菌需要含有血液的培养基。

3．鉴别培养基

鉴别培养基是一类含有某种特定化合物或试剂的培养基。某种微生物在这种培养基上培养后，它所产生的某种代谢产物与这种特定的化合物或试剂能发生某种明显的特征性反应，根据这一特征性反应可以将某种微生物与其他种微生物区别开来。主要用于不同类型微生物的快速鉴定，如用来检查细菌能否产生硫化氢的醋酸铅培养基。

4．选择培养基

利用微生物对某种或某些化学物质的敏感性不同，在培养基中加入这类物质，抑制不需要的微生物生长，而利于所需分离的微生物生长，从而达到分离或鉴别某种微生物的目的，如分离真菌的马丁氏培养基。既有选择作用又有鉴别作用的培养基，如鉴别肠道杆菌的远藤氏培养基等。

微生物的生长繁殖除需要一定的营养物质以外，还要求适当的 pH 环境。不同微生物对 pH 的要求不一样，霉菌和酵母菌的培养基的 pH 是偏酸性的，而细菌和放线菌的培养基的 pH 为中性或微碱性。所以配制培养基时，都要根据不同微生物对象用稀酸或稀碱将培养基的 pH 调到合适的范围。但配制 pH 低的琼脂培养基时，如预先调好 pH 并在高压蒸汽下灭菌，则琼脂因水解不能凝固，因此，应将培养基的成分和琼脂分开灭菌后再混合，或在中性 pH 条件下灭菌后，再调整 pH。

此外，由于配制培养基的各类营养物质和容器等含有各种微生物，因此，已配制好的培养基必须立即灭菌，以防止其中的微生物生长繁殖而消耗养分和改变培养基的酸碱度带来不利的影响。

二、培养基的灭菌

消毒（disinfection）与灭菌（sterilization）两者的意义有所不同。消毒一般是指消灭病原菌和有害微生物的营养体；灭菌则是指杀灭一切微生物的营养体、芽孢和孢子。消毒与灭菌的方法很多，一般可分为加热、过滤、照射和使用化学药品等。

（一）加热法灭菌

加热法，又分干热灭菌和湿热灭菌两类。

在同一温度下，湿热的杀菌效力比干热强，其原因有三：①湿热中细菌菌体吸收水分，蛋白质较易凝固，因蛋白质含水量增加，所需凝固温度降低（表5.1）；②湿热的穿透力比干热大（表5.2）；③湿热的蒸汽有潜热存在，每1g水在100℃时，由气态变为液态时可放出2.26kJ的热量。这种潜热，能迅速提高被灭菌物体的温度，从而增加灭菌效力。

表 5.1　蛋白质含水量与凝固所需温度的关系

卵蛋白含水量/%	30min 内凝固所需温度/℃	卵蛋白含水量/%	30min 内凝固所需温度/℃
50	56	6	145
25	74~80	0	160~170
18	80~90		

表 5.2　干热与湿热穿透力及灭菌效果比较

	温度/℃	时间/h	透过布层的温度/℃			灭菌
			20 层	40 层	100 层	
干热	130~140	4	86	72	70.5	不完全
湿热	105.3	3	101	101	101	完全

1. 干热灭菌

有火焰烧灼灭菌和热空气灭菌两种。火焰烧灼灭菌适用于接种环、接种针和金属用具如镊子等，无菌操作时的试管口和瓶口也在火焰上短暂烧灼灭菌。通常所说的干热灭菌是在电烘箱内灭菌，此法适用于玻璃器皿如吸管和培养皿等的灭菌，在160~170℃热空气中保温2h进行灭菌。

2. 湿热灭菌

1）高压蒸汽灭菌法　　实验室最为常用的一种灭菌方法。此法是将待灭菌的物品放在一个密闭的高压灭菌锅内，通过加热，使灭菌锅隔套间的水沸腾而产生水蒸气。待水蒸气急剧地将锅内的冷空气从排气阀中驱尽，关闭排气阀，继续加热，此时由于蒸汽不能溢出，而增加了灭菌器内的压力，从而使沸点升高，得到高于100℃的温度。导致菌体蛋白质凝固变性而达到灭菌的目的。通常，在121.3℃条件下保持15~30min进行灭菌即可。时间的长短可根据灭菌物品种类和数量的不同而有所变化，以达到彻底灭菌的目的。这种灭菌方法适用于培养基、工作服、玻璃器皿等的灭菌。

高压蒸汽灭菌锅可分为手提式、卧式和立式3种（图5.6），手提式灭菌锅一般价格较低，但体积较小，每次灭菌的物品数量有限；卧式灭菌锅的体积最大，使用方便，但在实验室中占用面积也较大；与手提式和卧式相比，立式灭菌锅体积和价格适中且占用面积不大，使用方便。因此，目前在实验室中以立式灭菌锅更为常用。在使用高压蒸汽灭菌锅灭菌时，灭菌锅内冷空气的排出是否完全极为重要，因为空气的膨胀压大于水蒸气的膨胀压，所以，当水蒸气中含有空气时，在同一压力下，含空气蒸汽的温度低于饱和蒸汽的温度。灭菌锅内留有不同分量空气时，压力与温度的关系见表5.3。

图 5.6　不同种类高压蒸汽灭菌锅

表 5.3　灭菌锅内留有不同分量空气时，压力与温度的关系

压力数		全部空气排出时的温度/℃	2/3 空气排出时的温度/℃	1/2 空气排出时的温度/℃	1/3 空气排出时的温度/℃	空气全不排出时的温度/℃
kg/cm^2	ib/in^2					
0.35	5	108.8	100	94	90	72
0.70	10	115.6	109	105	100	90
1.05	15	121.3	115	112	109	100
1.40	20	126.2	121	118	115	109
1.75	25	130.0	126	124	121	115
2.10	30	134.6	130	128	126	121

　　现在实验室中大多使用全自动立式高压灭菌锅，更加安全、方便。如图 5.6 和图 5.7 所示，立式高压灭菌锅包括电源、参数设置面板、盖子、控制杆、灭菌篮、电加热丝、排气贮存桶和排水管等。下面介绍大致的使用方法和注意事项。

　　（1）工作环境：一般将高压灭菌锅置于通风、宽敞、地面平整的地方，周围禁止放置易燃、易爆和腐蚀性物品。

　　（2）参数设置：接通电源后，按照

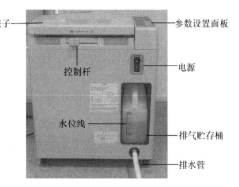

图 5.7　立式高压灭菌锅的结构图

仪器操作说明，设置高压蒸汽灭菌的具体参数，一般灭菌条件设置为 121℃，30min 即可。

（3）加水：向右拉开控制杆的同时，另一只手放在盖子上方，缓慢打开盖子；取出灭菌篮，将适量去离子水直接加入灭菌锅腔体内，直至液面完全覆盖电加热丝即可。检查排气贮存桶中液面是否在水位线安全范围内，如果超过水位线上限，需要取下贮存桶，倒掉贮存桶中的废液，确保液面高于水位线下限。

（4）放置物品与灭菌：将待灭菌物品置于灭菌篮内，拉下盖子后向左拉控制杆，确保盖子已经盖紧。启动高压灭菌程序（按下 START 按键）。高压灭菌锅在完成灭菌程序后，将自动降温，待"参数设置面板"上显示腔体温度在 60℃左右时，即可打开盖子取出物品。

注意事项：①如果待灭菌物品中有玻璃试剂瓶或其他带盖子的容器，需要适当旋松盖子，使容器内外空气流通，保证灭菌完全，否则高压蒸汽进入容器后容易发生爆裂；待灭菌结束后取出物品时，要立即旋紧盖子。②灭菌结束后，必须待腔体温度在 60℃以下时才能打开盖子，且打开盖子时需要一只手放在盖子上方，另一只手拉控制杆，缓慢打开盖子。③灭菌结束后，如果短期内不再使用灭菌锅，需要打开排水管，及时将腔体内的去离子水排出，否则长时间存水内腔体易生锈。

2）间歇灭菌法　　有少数培养基如明胶培养基、牛乳培养基、含糖培养基等用干热灭菌和高压蒸汽灭菌均会受到破坏，则必须用间歇灭菌法。此法是用阿诺氏流动蒸汽灭菌器进行灭菌。该灭菌器底层盛水，顶部插有温度计，加热后水蒸气温度达到 100℃时，即循环流于灭菌器内，水蒸气碰到灭菌器内物体时，又凝成水，流至底层贮水处，故不至干涸。灭菌时，将培养基放在灭菌器内，每天加热至 100℃，30min，连续 3 天。第一天加热后，其中的营养体被杀死，将培养基取出置室温 18～24h，使其中的芽孢发育成营养体，第二天再加热至 100℃，30min，发育的营养体又被杀死，但可能仍留有芽孢，故再重复一次，实现彻底灭菌。凡能用高压蒸汽灭菌的物品均不采用此法灭菌。

3）煮沸消毒法　　注射器和解剖器械等可用煮沸消毒法。一般微生物学实验室中煮沸消毒时间为 10～15min，人用注射器和手术器械在有条件的地方，一般均采用高压蒸汽灭菌法或干热灭菌法灭菌。

（二）过滤除菌

许多材料如血清与糖溶液使用一般加热法，均会被热破坏。因此，常采用过滤除菌的方法。应用最广泛的过滤器有蔡氏（Seitz）过滤器和膜过滤器。蔡氏过滤器是用银或铝等金属做成的，分为上、下两节，过滤时，用螺旋把石棉板紧紧地夹在上、下两节滤器之间，然后将溶液置于滤器中抽滤。每次过滤必须用一张新滤板。滤膜过滤器的结构与蔡氏过滤器相似，只是滤膜是一种多孔纤维素（乙酸纤维素或硝酸纤维素），孔径一般为 0.45μm 或 0.22μm，过滤时，液体和小分子物质可通过，细菌被截留在滤膜上，但若要将病毒除掉，则需孔径更小的滤膜。

（三）紫外线灭菌

紫外线波长为 200～300nm，具有杀菌作用，其中以 265～266nm 杀菌力最强。无菌室或无菌接种箱空气可用紫外灯照射灭菌。

（四）化学药品灭菌

化学药品消毒灭菌法是应用能杀死微生物的化学制剂进行消毒灭菌的方法。实验室桌面、用具及洗手用的溶液均常用化学药品进行消毒灭菌。常用的有 2%煤酚皂溶液（来苏尔）、0.25%新洁尔灭、1%升汞、3%～5%的甲醛溶液、75%乙醇溶液等。常用化学杀菌剂的应用范围和浓度见表 5.4。

表 5.4　常用化学杀菌剂的应用范围和浓度

类别	实例	常用浓度	应用范围
醇类	乙醇	50%～70%	皮肤及器械消毒
酸类	乳酸	0.33～1mol/L	空气消毒（喷雾或熏蒸）
	食醋	3～5mL/m³	熏蒸消毒空气，可预防流感病毒
碱类	石灰水	1%～3%	地面消毒
	石炭酸	5%	空气消毒（喷雾）
	来苏尔	2%～5%	空气消毒、皮肤消毒
醛类	福尔马林	40%溶液 2～6mL/m³	接种室、接种箱在厂房熏蒸消毒
重金属离子	升汞	0.1%	植物组织表面消毒
	硝酸银	0.1%～1%	皮肤消毒
氧化剂	过氧化氢	3%	清洗伤口
	氯气	0.000 02%～0.000 1%	饮用水清洁消毒
	漂白粉	1%～5%	洗刷培养基、饮水及粪便消毒
	高锰酸钾	0.1%～3%	皮肤、水果、茶杯消毒
去垢剂	新洁尔灭	水稀释 20 倍	皮肤、不能遇热的器皿消毒
染料	结晶紫	2%～4%	外用紫药水，溅创伤口消毒
金属螯合剂	8-羟喹啉硫酸盐	0.1%～0.2%	外用、清洗消毒

 实验试剂与器材

1．试剂

牛肉膏、蛋白胨、琼脂、1mol/L NaOH、1mol/L HCl、NaCl。

2. 仪器与用具

高压灭菌锅、试管、三角瓶、烧杯、量筒、玻璃棒、天平、牛角匙、pH 试纸、棉花、牛皮纸、记号笔、线绳、纱布、漏斗、漏斗架、胶管、止水夹等。

 实验方法

牛肉膏蛋白胨培养基是一种应用最广泛和最普遍的细菌基础培养基。其配方如下：牛肉膏 3g、蛋白胨 5g、NaCl 10g、琼脂 15～20g、水 1000mL，pH7.4～7.6。

（1）称药品：按实际用量计算后，按配方称取各种药品放入大烧杯中。牛肉膏可放在小烧杯或表面皿中称量，用热水溶解后倒入大烧杯；也可放在称量纸上称量，随后放入热水中，使牛肉膏与称量纸分离，立即取出纸片。蛋白胨极易吸潮，故称量时要迅速。

（2）加热溶解在烧杯中：加入少于所需的水量，然后放在石棉网上，小火加热，并用玻棒搅拌，待药品完全溶解后再补充水分至所需量。若配制固体培养基，则将称好的琼脂放入已溶解的药品中，再加热融化。此过程中，需不断搅拌，以防琼脂糊底或溢出，最后补足所失的水分。

（3）调节 pH：检测培养基的 pH。若 pH 偏酸，可滴加 1mol/L NaOH，边加边搅拌，并随时用 pH 试纸检测，直至达到所需 pH 范围。若偏碱，则用 1mol/L HCl 进行调节。pH 的调节通常在加琼脂之前。应注意 pH 不要调过头，以免回调而影响培养基内各离子的浓度。

（4）过滤：液体培养基可用滤纸过滤，固体培养基可用 4 层纱布趁热过滤，以利于培养的观察。

（5）分装：按实验要求，可将配制的培养基分装入试管或三角瓶内。分装时可用无菌漏斗，以免培养基沾在管口或瓶口而造成污染。

分装量：固体培养基约为试管高度的 1/5，灭菌后制成斜面。分装入三角瓶内以不超过其容积的一半为宜。半固体培养基以试管高度的 1/3 为宜，灭菌后垂直待凝。

（6）加棉塞试管口和三角瓶口塞上用普通棉花（非脱脂棉）制作的棉塞。棉塞的形状、大小和松紧度要合适，四周紧贴管壁，不留缝隙，才能起到防止杂菌侵入和有利通气的作用。要使棉塞总长约 3/5 塞入试管口或瓶口，以防棉塞脱落。有些微生物需要更好的通气，则可用 8 层纱布制成通气塞。有时也可用试管帽或塑料塞代替棉塞。

（7）包扎：加塞后，将三角瓶的棉塞外包一层牛皮纸或双层报纸，以防灭菌时冷凝水沾湿棉塞。若培养基分装于试管中，则应以 5 支或 7 支一捆，再于棉塞外包一层牛皮纸，用绳扎好。然后用记号笔注明培养基名称、组别、日期。

（8）灭菌：将上述培养基于 121.3℃湿热灭菌 20min。如因特殊情况不能及时灭菌，可放入冰箱内暂存。

（9）摆斜面：灭菌后，如制斜面，需趁热将试管口一端搁在一根长木条上，并调整斜度，使斜面的长度不超过试管总长的 1/2 为宜。

（10）无菌检查：将灭菌的培养基放入 37℃温箱中培养 24～48h，若无细菌生长，即可使用，或贮存于冰箱或清洁的橱内，备用。

（11）实验报告：记录本实验配制培养基的名称、数量，并图解说明其配制过程，指明要点。

注意事项：称药品用的牛角匙不要混用，称完药品应及时盖紧瓶盖。调 pH 时要小心操作，避免回调。不同培养基的配制各有特点，要注意具体操作。

 思考题

（1）配制培养基有哪几个步骤?在操作过程中应注意哪些细节？为什么？

（2）培养基配制完成后，为什么必须立即灭菌？若不能及时灭菌应如何处理？已灭菌的培养基如何进行无菌检查？

实验三　实验室环境和人体表面微生物的检查

 实验目的

（1）证明实验室环境与体表存在微生物。

（2）比较来自不同场所与不同条件下细菌的数量与类型。

（3）观察不同类群微生物的菌落形态特征。

 实验原理

平板培养基含有细菌生长所需要的营养成分，当取自不同来源的样品接种于培养基上，在适宜温度下培养，1～2d 内，每一菌体即能通过多次细胞分裂而进行繁殖，形成一个可见的细胞群体的集落，称为菌落。每一种细菌所形成的菌落都有自己的特点，如菌落的大小、表面干燥或湿润、隆起或扁平、粗糙或光滑、边缘整齐或不整齐，菌落的透明或半透明或不透明，颜色及质地疏松或紧密等。因此可通过平板培养来检查环境中细菌数量和类型。

 实验试剂与用具

1. 试剂

牛肉膏蛋白胨琼脂平板、无菌水。

2. 用具

灭菌棉签（装在试管内）、接种环、试管架、酒精灯、记号笔、废液缸。

实验方法

1. 写标签

任何一个实验，在动手操作前均需首先将器皿用记号笔做上记号，写上姓名、日期，本实验还要写上样品来源（如实验室空气或无菌室空气或头发等），字尽量写小一点，写在皿底的一边，不要写在正中，以免影响结果的观察。

注：培养皿的记号一般写在皿底上。如果写在皿盖上，同时观察两个以上培养皿的结果，打开皿盖时，容易混淆且易造成其他细菌的污染。

2. 实验室细菌检查

1）空气　　将一个牛肉膏蛋白胨琼脂平板放在当时做实验的实验室，移去皿盖，使培养基表面暴露在空气中；将另一牛肉膏蛋白胨琼脂平板放在无菌室或无菌超净工作台中，移去皿盖。1h 后盖上两个皿盖。

2）实验台和门把手

（1）用记号笔在皿底外面中央画一直线，再在此线中间画一垂直线。

（2）取棉签：左手拿装有棉签的试管，在火焰旁用右手的手掌边缘和小指、无名指夹持棉塞（或试管帽），将其取出，将管口快速通过酒精灯的火焰，烧灼管口；轻轻倾斜试管，用右手拇指和食指将棉签小心取出。放回棉塞（或试管帽），并将空试管放在试管架上。

（3）棉签预处理：左手取盛有灭菌水的试管，如上法拔出棉塞（或试管帽）并灼烧管口，将棉签插入水中，再提出水面，在管壁上挤压一下以除去过多的水分，小心将棉签取出，灼烧管口，放回棉塞（或试管帽），并将灭菌水试管放在试管架上。

（4）取样：将湿棉签在实验台面或门旋钮上擦拭约 $2cm^2$ 的范围。

（5）接种：在火焰旁用左手拇指和食指或中指使平皿开启成一缝。再将棉签伸入，在琼脂表面顶端接种（滚动一下），立即闭合皿盖，将原放棉签的空试管拔出棉塞（或试管帽），烧灼管口，插入用过的棉签，将试管放回试管架。

（6）划线：另取接种环在火焰上灭菌，先将接种环端烧热，然后将接种环提起垂直放在火焰上，以使火焰接触金属丝的范围广一些，待接种环烧红，再将接种环斜放，沿环向上，烧至可能碰到培养皿的部分，再移向环端，如此快速反复通过火焰数次。

左手拿起平板，同样开启一缝，将灭过菌并冷却了的接种环（可在琼脂表面边缘空白处轻轻碰触，确保温度已下降），通过琼脂顶端的接种区，向下划线，直到平板的一半处。

注：接种环与琼脂表面的角度要小，移动压力不能太大，否则会刺破琼脂。

闭合皿盖，左手将平板向左转动至空白处，右手拿接种环再在火焰上烧灼，冷却。接种环通过前面划的线条再在琼脂的另一半按从上到下来回划线至1/2处。

烧灼接种环，转动平板，划最后 1/4 平板，立刻盖上皿盖，烧灼接种环，放回原处。

注：整个划线操作均要求无菌操作，即靠近火焰，而且动作要快。

3．人体细菌的检查

1）手指（洗手前与洗手后）

（1）分别在两个琼脂平板上标明洗手前与洗手后（需注明班级、姓名、日期各项，在每次写标签时是必不可少的）。

（2）移去皿盖，将未洗过的手指在琼脂平板的表面，轻轻地来回划线，盖上皿盖。

（3）用肥皂和刷子，用力刷手，在流水中冲洗干净，干燥后，在另一琼脂平板表面来回移动，盖上皿盖。

2）头发　　在揭开皿盖的琼脂平板的上方，用手将头发用力摇动数次，使细菌降落到琼脂平板表面，然后盖上皿盖。

3）咳嗽　　将去盖琼脂平板放在离口 6～8cm 处，对着平板表面用力咳嗽，然后盖上皿盖。

4）鼻腔

（1）按照实验台检查法的步骤（2）和（3），取出棉签，并将其润湿处理。

（2）用湿棉签在鼻腔内滚动数次。

（3）按实验台检查法的步骤（5）和（6），接种与划线，然后盖上皿盖。

最后将所有的琼脂平板翻转，使皿底向上，放 37℃ 培养箱，培养 1～2d。

4．结果记录

1）菌落计数　　在划线的平板上，如果菌落很多而重叠，则数平板最后 1/4 面积内的菌落数。不是划线的平板，也一分为四，数 1/4 面积的菌落数。

2）特征描述　　根据菌落大小、形状、高度、干湿等特征观察不同的菌落类型。但要注意，如果细菌数量太多，会使很多菌落生长在一起，或者限制了菌落生长而变得很小，因而外观不典型，故观察菌落特征时，要选择分离得很开的单个菌落。

菌落特征描写方法如下。

（1）大小：大、中、小、针尖状。可先将整个平板上的菌落粗略观察一下，再决定大、中、小的标准，或由教师指定一个大小范围。

（2）颜色：黄色、金黄色、灰色、乳白色、红色、粉红色等。

（3）干湿情况：干燥、湿润、黏稠。

（4）形态：圆形、不规则等。

（5）高度：扁平、隆起、凹下。

（6）透明程度：透明、半透明、不透明。

（7）边缘：整齐、不整齐。

5. 结果

（1）将实验结果记录于下表中。

样品来源	菌落数近似值	菌落类型	特征描述						
			大小	形态	干湿	高度	透明度	颜色	边缘
1									
2									

（2）与其他同学的结果进行比较。

思考题

（1）比较各种来源的样品，哪一种样品的平板菌落数与菌落类型最多？

（2）人多的实验室与无菌室（或无人走动的实验室）相比，平板上的菌落数与菌落类型有什么区别？你能解释一下造成这种区别的原因吗？

（3）洗手前后的手指平板，菌落数有无区别？

（4）通过本实验，在防止培养物的污染与防止细菌的扩散方面，你学到些什么？有哪些体会？

实验四 微生物涂片、染色及普通光学显微镜观察

实验目的

（1）学习微生物涂片、染色的基本技术，掌握细菌的染色方法。

（2）熟练掌握显微镜的使用方法。

实验原理

细菌的涂片和染色是微生物学研究中常用的一项基本技术。细菌较小而且透明，同时，在活体细胞内含有大量水分，因此，其对光线的吸收和反射与水溶液相差不大。细菌在普通的光学显微镜下不易识别，必须对它们进行染色。利用单

一染料对细菌进行染色，使经染色后的菌体与背景形成明显的色差，从而能更清楚地观察到其形态和结构。此法操作简便，适用于对菌体一般形状和细菌排列的观察。

　　常用碱性染料进行简单染色，这是因为在中性、碱性或弱酸性溶液中，细菌细胞通常带负电荷，而碱性染料在电离时，其分子的染色部分带正电荷，因此碱性染料的染色部分很容易与细菌结合使细菌着色。经染色后的细菌细胞与背景形成鲜明对比，在显微镜下易于识别。常用的染料有美蓝、结晶紫、碱性复红和番红（又称沙黄）等。当细菌分解糖类产酸使培养基 pH 下降时，细菌所带正电荷增加，此时则可用伊红、酸性复红或刚果红等酸性染料染色。染色前必须固定细菌，通过固定可以杀死细菌并使菌体黏附于载玻片上，同时还可以增加其对染料的亲和力。常用的方法有加热和化学固定两种。

 ## 实验试剂与器材

1. 材料
金黄色葡萄球菌（*Staphylococcus aureus*）、枯草芽孢杆菌（*Bacillus subtilis*）。

2. 试剂
香柏油、二甲苯、生理盐水、吕氏碱性美蓝染色液、石炭酸复红染色液。

3. 仪器与用具
显微镜、酒精灯、载玻片、接种环、擦镜纸。

 ## 实验方法

1. 涂片
取两块干净的载玻片，各滴一小滴生理盐水于载玻片中央，无菌操作下，用接种环分别挑取金黄色葡萄球菌和枯草芽孢杆菌于两个载玻片的液滴中（每一种菌制一片），调匀并涂成薄膜。注：滴生理盐水时不宜过多，涂片必须均匀。

2. 干燥
涂片于室温下自然干燥。

3. 固定
涂片面向上，于火焰上方通过 2～3 次，使细胞质凝固，以固定细菌的形态，并使其不易脱落。注：不能距离火焰太近，以免温度过高，破坏细菌形态。

4. 染色
将标本置于水平位置，滴加染色液于涂片薄膜上，染色时间长短根据具体染色液而定。吕氏碱性美蓝染色液染 2～3min，石炭酸复红染色液染 1～2min。

5. 水洗
染色结束后，用自来水缓慢冲洗，直至冲下的水无色为止。注：冲洗水流不宜过急、过大，水由玻片上端流下，避免直接冲在涂片处。

冲洗后，将标本晾干或用吹风机吹干，待完全干燥后才可置油镜下观察。

6. 观察前的准备

将显微镜置于平稳的实验台上，镜座距实验台边沿 3～4cm。镜检者姿势要端正。

7. 低倍镜观察

观察标本时，需先用低倍镜观察，因为低倍镜视野较大，易发现目标，确定观察的位置。

将金黄色葡萄球菌染色标本置于载物台上，用标本夹夹住，移动推动器，使观察对象处在物镜正下方，转动粗准焦螺旋，使物镜降至距标本约 0.5cm 处，由目镜观察，此时可适当地缩小光圈，否则视野中只见光亮一片，难见到目的物。同时用粗调节器慢慢升起镜筒，直至物像出现后再用细准焦螺旋调节到物像清楚为止，然后移动标本，认真观察标本各部位，找到合适的目的物，并将其移至视野中心，准备用高倍镜观察。

8. 高倍镜观察

将高倍镜转至正下方，在转换物镜时，需用眼睛在侧面观察，避免镜头与玻片相撞。然后由目镜观察，并仔细调节光圈，使光线的明亮度适宜，用粗准焦螺旋慢慢升起镜筒至物像出现后，再用细准焦螺旋调至物像清晰为止，找到最适宜观察的部位后，将此部位移至视野中心，准备用油镜观察。

9. 油镜观察

（1）用粗准焦螺旋将镜筒提起约 2cm，将油镜转至正下方。

（2）在玻片标本的镜检部位滴上一滴香柏油。

（3）从侧面注视，用粗准焦螺旋将镜筒小心地降下，使油镜浸在香柏油中，其镜头几乎与标本相接，应特别注意不能压在标本上，更不可用力过猛，否则不仅压碎玻片，也会损坏镜头。

（4）从目镜内观察，进一步调节光线，使光线明亮，再用粗准焦螺旋将镜筒徐徐上升，直至视野出现物像为止，然后用细准焦螺旋校正焦距。如油镜已离开油面而仍未见物像，必须再从侧面观察，将油镜降下，重复操作至物像看清为止。

（5）用同样的方法观察枯草芽孢杆菌染色标本。

（6）观察完毕，上旋镜筒。先用擦镜纸拭去镜头上的油，然后用擦镜纸蘸少许二甲苯擦去镜头上残留油迹（香柏油溶于二甲苯），最后再用干净擦镜纸擦去残留的二甲苯。切忌用手或其他纸擦镜头，以免损坏镜头。用绸布擦净显微镜的金属部件。

（7）将各部分还原，反光镜垂直于镜座，将物镜转成"八"字形，再向下旋。同时把聚光镜降下，以免物镜与聚光镜发生碰撞。

10. 实验结果

分别绘出在低倍镜、高倍镜和油镜下观察到的金黄色葡萄球菌及枯草芽孢杆菌的状态，包括在 3 种情况下视野中的变化，同时注明物镜放大倍数和总放大倍数。

 思考题

（1）在使用高倍镜和油镜进行调焦时，应将镜筒徐徐上升还是下降？为什么？

（2）用油镜观察时，为什么要在载玻片上滴加香柏油？

（3）在明视野显微镜下观察细菌形态时，你认为用染色标本好，还是用未染色的活标本好。为什么？

实验五　革兰氏染色法的原理及应用

 实验目的

（1）了解革兰氏染色的原理。

（2）学习并掌握革兰氏染色的方法。

 实验原理

革兰氏染色反应是进行细菌分类和鉴定的重要方法。它是 1884 年由丹麦医师 Gram 创立的。革兰氏染色法（Gram stain）不仅能观察到细菌的形态而且还可将所有细菌区分为两大类：染色反应呈蓝紫色的称为革兰氏阳性细菌，用 G^+ 表示；染色反应呈红色（复染颜色）的称为革兰氏阴性细菌，用 G 表示。细菌对于革兰氏染色的不同反应，是由于它们细胞壁的成分和结构不同。革兰氏阳性细菌的细胞壁主要是由肽聚糖形成的网状结构组成的，在染色过程中，当用乙醇处理时，由于脱水而引起网状结构中的孔径变小，通透性降低，使结晶紫-碘复合物被保留在细胞内而不易脱色，因此，呈现蓝紫色；革兰氏阴性细菌的细胞壁中肽聚糖含量低，而脂类物质含量高，当用乙醇处理时，脂类物质溶解，细胞壁的通透性增加，使结晶紫-碘复合物易被乙醇抽出而脱色，然后又被染上了复染液（番红）的颜色，因此呈现红色。

革兰氏染色需用4种不同的溶液：碱性染料（basic dye）初染液、媒染剂（mordant）、脱色剂（decolorising agent）和复染液（counterstain）。碱性染料初染液的作用如同细菌的单染色法，用于革兰氏染色的初染液一般是结晶紫（crystal violet）。媒染剂的作用是增加染料和细胞之间的亲和性或附着力，即以某种方式帮助染料固定在细胞上，使之不易脱落，碘（iodine）是常用的媒染剂。脱色剂将对染色的细胞进行脱色，不同类型的细胞脱色反应不同，有的能被脱色，有的则不能，脱色剂常用 95%乙醇。复染液也是一种碱性染料，其颜色不同于初染液，复染的目的是使被脱色的细胞染上不同于初染液的颜色，而未被脱色的细胞仍然保持初染的颜色，从而将细胞区分成 G^+ 和 G 两大类群，常用的复染液是番红。

实验试剂与器材

1. 材料

大肠杆菌、金黄色葡萄球菌、枯草芽孢杆菌。

2. 试剂

革兰氏染色液，见附录Ⅰ。

3. 仪器与用具

显微镜、载玻片等。

 实验方法

1. 涂片

将培养 24h 的金黄色葡萄球菌和大肠杆菌分别做涂片（**注：涂片切不可过于浓厚**），干燥、固定。固定时通过火焰 1~2 次即可，不可过热，以载玻片不烫手为宜。

2. 染色

（1）初染：加草酸铵结晶紫一滴，约 1min，水洗。

（2）媒染：滴加碘液冲去残水，并覆盖约 1min，水洗。

（3）脱色：将载玻片上的水甩净，并衬以白背景，用 95%乙醇滴洗至流出乙醇刚刚不出现紫色为止，20~30s，立即用水冲净乙醇。

（4）复染：用番红液染 1~2min，水洗。

（5）镜检：干燥后，置油镜观察。革兰氏阴性菌呈红色，革兰氏阳性菌呈紫色。以分散开的细菌的革兰氏染色反应为准，过于密集的细菌，常常呈假阳性。

（6）同法在一载玻片上以大肠杆菌与枯草芽孢杆菌混合制片，做革兰氏染色对比。

革兰氏染色的关键在于严格掌握乙醇脱色程度，如脱色过度，则阳性菌可被误染为阴性菌；而脱色不够时，阴性菌可被误染为阳性菌。此外，菌龄也影响染色结果，如阳性菌培养时间过长，或已死亡及部分细菌自行溶解了，都常呈阴性反应。

3. 结果

观察在所做的革兰氏染色制片中，大肠杆菌和枯草芽孢杆菌分别染成哪种颜色，它们分别是革兰氏阴性菌还是革兰氏阳性菌。

 思考题

（1）做革兰氏染色涂片为什么不能过于浓厚？染色成败的关键一步是什么？

（2）当你对一株未知菌进行革兰氏染色时，怎样能确保你的操作正确，结果可靠？

实验六 血球计数板的计数原理及应用

 实验目的

（1）掌握血球计数板的计数原理。

（2）掌握血球计数板的计数方法。

 实验原理

血球计数板是一种在微生物学和细胞生物学研究中常用的计数工具，常用于血细胞、微生物（如细菌、真菌、酵母等）及细胞培养中的细胞计数。通过将样品进行适度稀释，滴加于血球计数板，借助显微镜即可进行计数。最后根据样品稀释倍数，即可计算出样品中微生物或细胞的含量。

血球计数板由法国解剖学家 Louis-Charles Malassez 于 19 世纪发明。通常是一块特制的原型载玻片，其上由 4 条槽构成 3 个平台。中间的平台又被一短横槽隔成两半，每一边的平台上各刻有一个方格网，每个方格网共分 9 个大方格，中间的大方格即为计数室。血球计数板构造如图 5.8 所示。

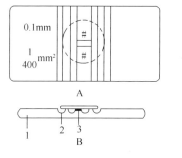

血细胞计数板构造（一）

A. 正面图；B. 纵切面图

1. 血细胞计数板；2. 盖玻片；3. 计数室

血细胞计数板构造（二）

放大后的方网格，中间大方格为计数室

图 5.8 血球计数板示意图

计数室的刻度一般有两种规格，一种 16×25 型，即一个大方格分成 16 个中方格，而每个中方格又分成 25 个小方格；另一种是 25×16 型，即一个大方格分成 25 个中方格，而每个中方格又分成 16 个小方格（图 5.9）。但无论是哪种规格的计数板，每一个大方格中的小方格数都是相同的，即 16×25＝400 个小方格。每一个大方格边长为 1mm，则每个大方格的面积为 $1mm^2$，盖上盖玻片后，载玻片与盖玻片之间的高度为 0.1mm，所以计数室的容积为 $0.1mm^3$（μL）。

在计数时，通常数 5 个中方格的总菌数，一般情况下，可选择上、下、左、右 4 个中方格和中间区域的中方格进行计数（图 5.9 中圆圈所示），求得每个中方格的平均值，再乘以 16 或 25，就得出一个大方格中的总菌数，再换算成 1mL 菌液中的总菌数。

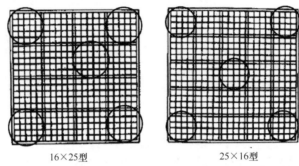

16×25型　　　　　　　　　25×16型

图 5.9　计数室示意图（圆圈代表可选择这些中方格计数）

下面以一个大方格有 25 个中方格的计数板为例进行计算：设 5 个中方格中总菌数为 A，菌液稀释倍数为 B，那么，一个大方格中的总菌数计算如下。

因 $1mL = 1cm^3 = 1000mm^3$

即 0.1mm^3 中的总菌数（个）$= \dfrac{A}{5} \times 25 \times B$

故 1mL 菌液中的总菌数（个）$= \dfrac{A}{5} \times 25 \times 10 \times 1000 \times B$

$$= 50\,000\,A \cdot B$$

同理，如果是 16 个中方格的计数板，设 5 个中方格的总菌数为 A'，则

1mL 菌液中的总菌数（个）$= \dfrac{A'}{5} \times 16 \times 10 \times 1000 \times B'$

$$= 32\,000\,A' \cdot B'$$

 ## 实验器材

1. 材料
酿酒酵母菌菌悬液。

2. 仪器与用具
显微镜、血球计数板、盖玻片、无菌毛细管、移液器。

 ## 实验方法

1. 稀释
将酿酒酵母菌菌悬液进行适当稀释。菌液如不浓，可不必稀释。

2. 镜检计数室
在加样前，先对计数板的计数室进行镜检。若有污物，则需清洗后才能进行计数。

3. 加样品

将清洁干燥的血球计数板盖上盖玻片，再用移液器将稀释的酿酒酵母菌液由盖玻片边缘滴一小滴（不宜过多，约 10μL），让菌液沿缝隙靠毛细渗透作用自行进入计数室，一般计数室均能充满菌液。注：不可有气泡产生。

4. 显微镜计数

静置 5min 后，将血球计数板置于显微镜载物台上，先用低倍镜找到计数室所在位置，然后换成高倍镜进行计数。在计数前，若发现菌液太浓或太稀，需重新调整稀释度后再计数。一般样品稀释度要求每小格内有 5～10 个菌体为宜。每个计数室选 5 个中格（可选 4 个角和中央的中格）中的菌体进行计数。位于格线上的菌体一般只数上方和右边线上的。如遇酵母出芽，芽体大小达到母细胞的一半时，即作两个菌体计数。计数一个样品要从两个计数室中计得的值来计算样品的含菌量。

5. 清洗血球计数板

使用完毕后，将血球计数板在水龙头上用水柱冲洗，切勿用硬物洗刷，洗完后自行晾干或用吹风机吹干。镜检，观察每小格内是否有残留菌体或其他沉淀物。若不干净，则必须重复洗涤至干净为止。

6. 结果

将结果记录于下表中。A 表示 5 个中方格中的总菌数；B 表示菌液稀释倍数。

	各中格中菌数/个					A	B	菌数/mL	二室平均值
	1	2	3	4	5				
第一室									
第二室									

思考题

根据自己的实验体会，说明用血球计数板计数的误差主要来自哪些方面？应如何尽量减少误差，力求准确？

实验七　平板菌落计数法的原理及应用

实验目的

学习平板菌落计数的基本原理和方法。

实验原理

平板菌落计数法是将微生物经适当稀释，使其充分分散为单个细胞后，取适量稀释液于固体培养基表面，并利用涂布棒将其均匀涂抹在培养基表面，经培养，每个单细胞生长增殖形成肉眼可见的菌落，最后对其进行计数的一种方法。计数单位为菌落形成单位（colony-forming units，CFU）。一个单菌落代表原样品中的一个单细胞（即细菌）。同时，根据菌落数、样品稀释倍数和取样接种量即可计算出原始样品中的细菌数。

这种计数法的优点是能检测出样品中的活菌数，因此其被广泛用于生物制品检验，以及食品、饮料和水等含菌指数或污染度的检测。但是，该方法操作较为繁琐，且需要一定时间（12～16h）才能获取相关信息。同时，该方法的检测结果易受多种因素的影响，在检测时需要注意以下几点：①为了减小误差，每个稀释度需要至少3个重复对照平板，且3个重复对照的菌落数不能相差太大，否则检测不准确；②选择每个平板上菌落数为30～300个的稀释度计算含菌量比较准确；③检测时，一般各稀释度之间为10倍量的关系，因此，相邻稀释度的平板上菌落数也应是10倍量关系，否则表示稀释度不准确。一般以3个稀释度中第二个稀释度倒平板所出现的平均菌落数在50个左右较合适。

实验试剂与器材

1. 材料

大肠杆菌悬液。

2. 试剂

牛肉膏蛋白胨培养基、琼脂。

3. 仪器与用具

超净工作台、恒温培养箱、移液器、无菌移液管、无菌平皿、无菌涂布棒、无菌试管、试管架、记号笔等。

实验方法

1. 倒平板

向牛肉膏蛋白胨培养基中加入 1.5%琼脂，混合均匀，将牛肉膏蛋白胨琼脂培养基进行高压蒸汽灭菌（121℃，30min）。灭菌后取出，冷却至60℃左右。取无菌平皿9套，分别用记号笔标明 10^{-4}、10^{-5}、10^{-6} 各3套，于超净工作台中向平皿中倒入适量培养基，待其冷却凝固后，备用。

2. 菌液梯度稀释

取6支盛有 4.5mL 无菌培养基的试管，排列于试管架上，依次标记为 10^{-1}、10^{-2}、10^{-3}、10^{-4}、10^{-5}、10^{-6}。用移液器准确吸取 0.5mL 大肠杆菌悬液加至标 10^{-1} 的试管中，并用无菌移液管反复轻轻吹打将其混合均匀；然后用移液器吸取 0.5mL 10 倍稀释的菌液，加至 10^{-2} 试管中，利用移液管反复轻轻吹打将其混合均匀；采用上述方法，吸取 100 倍稀释的菌液至 10^{-3} 试管中，进行梯度稀释，依次类推，至稀释 10^{6} 倍。

3. 加样

用移液器准确吸取 0.1mL 标为 10^{-4}、10^{-5}、10^{-6} 的稀释菌液，加至对应标记的平板中，利用无菌涂布棒将其涂抹均匀，最后将其置于 37℃恒温培养箱中培养过夜（12～16h）。

4. 计数

取出培养皿，记录每个平皿中的菌落数，算出同一稀释度 3 个平皿上的菌落平均数，并按下列公式进行计算：

每毫升菌液中总活菌数＝同一稀释度 3 次重复的菌落平均数×稀释倍数×5

注意事项：一般选择每个平板上长有 30～300 个菌落的稀释度计算每毫升菌液的菌数最为合适。同一稀释度的 3 个重复的菌数不能相差很悬殊。由 10^{-4}、10^{-5}、10^{-6} 三个稀释度计算出的每毫升菌液中总活菌数也不能相差悬殊，如相差较大，表示试验不精确。

平板菌落计数法所选择的倒平板的稀释度是很重要的，一般以 3 个稀释度中的第二个稀释度倒平板所出现的平均菌落数在 50 个左右为最好。

平板菌落计数法的操作除上述以外，还可用涂布平板的方法进行。二者操作基本相同，所不同的是涂布平板法是先将牛肉膏蛋白胨琼脂培养基熔化后倒平板，待凝固后编号，并于 37℃温室中烘烤30min 左右，使其干燥，然后用无菌吸管吸取0.2mL菌液对号接种于不同稀释度编号培养皿中的培养基上，再用无菌涂布棒将菌液在平板上涂布均匀，平放于实验台上 20～30min，使菌液渗透入培养基内，然后再倒置于37℃的温室中培养。

5. 结果

将计数结果填入下表。

稀释度	10^{-4}				10^{-5}				10^{-6}			
菌落数	1	2	3	平均	1	2	3	平均	1	2	3	平均
总活菌数/mL												

 思考题

（1）要使平板菌落计数准确，有哪几个关键？为什么？

（2）同一种菌液用血球计数板和平板菌落计数法同时计数，所得结果是否一样？为什么？

（3）试比较平板菌落计数法和显微镜下直接计数法的优缺点。

实验八　不同种类纳米材料与细菌的相互作用比较

 实验目的

（1）掌握平板菌落计数法评价纳米材料与细菌相互作用的基本方法。

（2）理解纳米材料与细菌相互作用的基本原理。

 实验原理

众所周知，作为病原微生物的一类重要成员，细菌广泛分布于生活的各个角落，直接威胁着人类的生命安全。然而，由于抗生素的滥用等因素，越来越多的细菌产生了对多种抗生素的耐药性，进而给人类造成了巨大的经济损失和健康威胁。因此，开发安全、有效且不易产生耐药性的新型抗菌药物成为抗菌领域的研究热点。

纳米材料有独特的物理化学性质，与块体材料相比，其具有众多独特的生物学功能，在生物医学领域如药物和基因载体、生物传感与检测、成像等显示出良好的应用前景。事实上，纳米材料的生物学功能受多种因素的影响，如纳米材料的粒径、形貌和表面化学性质等。同时，细菌的种类繁杂，根据革兰氏染色的差异可分为革兰氏阴性菌和革兰氏阳性菌。因此，研究纳米材料与不同种类细菌的相互作用关系将为开发新型抗菌制剂提供重要信息。

众所周知，革兰氏阴性菌和革兰氏阳性菌的细胞壁结构差异较大，因此在染色性、抗原性、毒性及对药物的敏感性方面也存在显著差异。例如，革兰氏阴性菌如大肠杆菌的细胞壁较薄，厚度约 10nm，仅有 2～3 层肽聚糖；而革兰氏阳性菌的细胞壁较厚，厚度 20～80nm，有 15～50 层肽聚糖。一般来说，与革兰氏阳性菌相比，革兰氏阴性菌对药物包括纳米材料的敏感性更好一些。目前，大量研究表明，纳米材料如银纳米材料、氧化石墨烯衍生物及基于银纳米颗粒的复合纳米材料等主要通过破坏革兰氏阴性菌的细胞壁完整性来发挥抗菌作用，而对革兰氏阳性菌则主要通过抑制细菌增殖来发挥抗菌作用，但具体作用机制尚不完全清楚。

在众多纳米材料中，银纳米材料一直以来都是研究人员关注的热点。目前，已有大量研究报道基于银纳米材料的复合抗菌材料在抗菌领域的潜在应用。作为另外一种"明星材料"，氧化石墨烯与细菌的相互作用关系也备受关注。因此，本实验将以大肠杆菌（革兰氏阴性菌）和金黄色葡萄球菌（革兰氏阳性菌）为对象，评价银纳米颗粒和不同种类氧化石墨烯及其衍生物与细菌的相互作用。

 实验试剂与器材

1. 材料

柠檬酸修饰的银纳米颗粒（50nm）、氧化石墨烯（GO）及其衍生物聚乙二醇修饰的氧化石墨烯（GO-PEG）；大肠杆菌、金黄色葡萄球菌。

2. 试剂

LB 培养基、琼脂。

3. 仪器与用具

高压灭菌锅、恒温摇床、超净工作台、恒温培养箱、紫外分光光度计、细菌培养皿、接种环、接种针、玻璃涂布棒。

实验方法

1. LB 琼脂平板的制备

称取适量琼脂，加至 LB 液体培养基中，使其最终浓度约为 1.5%，121℃高压灭菌 30min；自然冷却至 60℃左右，在超净工作台中向细菌培养皿中倒入适量 LB 琼脂培养基，冷却备用。

2. 细菌培养

用接种环分别取大肠杆菌和金黄色葡萄球菌菌种液适量，于 LB 琼脂平板上进行划线接种，置于 37℃恒温培养箱中培养过夜；用接种针挑取单菌落，置于适量 LB 液体培养基中混匀，并于恒温摇床上培养过夜；最后，用 LB 培养基将菌液进行适度稀释（1∶100），置于恒温摇床上培养 2~3h，待其吸光度（OD_{600nm}）约为 0.5 时，取出备用。

3. 纳米材料对细菌生长的影响

采用与"细胞生物学篇"实验十中相同的梯度稀释方法，用 LB 培养基对银纳米颗粒、GO 和 GO-PEG 进行梯度稀释，获得不同浓度梯度（如 20μg/mL、40μg/mL、80μg/mL、160μg/mL、320μg/mL）的材料。其中，以 GO 定量的话，要保证 GO-PEG 的浓度与 GO 一致。取上述菌液适量与同体积的银纳米颗粒、GO 或 GO-PEG 混合均匀，并保证各组细菌数量一致；同时设阴性对照组（即 LB 培养基处理组）。置于恒温摇床上振荡培养 2~3h；随后，分别取同体积处理过的菌液，用玻璃涂布棒在 LB 琼脂平板上涂抹均匀，置于 37℃恒温培养箱中培养过夜，最后拍照并进行菌落计数。将各实验组与阴性对照组相比，通过比较菌落数的多少，分析不同种类纳米材料对同种细菌生长的影响，以及同种纳米材料在不同浓度时对不同种类细菌生长的影响；确定同种纳米材料与不同种类细菌之间是否具有不同的相互作用，以及表面化学性质对纳米材料与细菌相互作用的影响。

 思考题

（1）在纳米材料处理细菌前，将培养过夜的细菌继续适度稀释，并培养至 OD_{600nm} 为 0.5 的作用是什么？

（2）请解释同种纳米材料对不同细菌生长产生不同影响的机制。

 推荐阅读文献

Hu W B, Peng C, Luo W J, et al. 2010.Graphene-based antibacterial paper.ACS Nano, 4: 4317-4323.

Tang J, Chen Q, Xu L G, et al. 2013.Graphene oxide-silver nanocomposite as a highly effective antibacterial agent with species-specific mechanisms. ACS Applied Materials & Interfaces, 5: 3867-3874.

📖参 考 文 献

沈萍，范秀容，李广武. 1996. 微生物学实验. 北京：高等教育出版社.

周德庆. 2006. 微生物学实验教程. 北京：高等教育出版社.

Kim J S, Kuk E, Yu K N, et al. 2007. Antimicrobial effects of silver nanoparticles. Nanomedicine: Nanotechnology, Biology, and Medicine, 3: 95-101.

Luo Y C, Yang X X, Tan X F, et al. 2016. Functionalized graphene oxide in microbial engineering: an effective stimulator for bacterial growth. Carbon, 103: 172-180.

附录 I　常用染色液的配制

1. 考马斯亮蓝染色液

利用精密天平称取 10mg 考马斯亮蓝，将其溶于 5mL 95%乙醇中，加入 10mL 磷酸，定容至 100mL 即可。

2. 詹纳斯绿（Janus green）染色液

将 5.18g 詹纳斯绿溶于 100mL 去离子水中，配制成饱和水溶液，使用时根据不同的样品进行适度稀释即可。

3. 瑞氏（Wright）染色液

称取瑞氏染色粉 6g，放研钵内磨细，不断滴加甲醇（共 600mL），并继续研磨使之溶解。经过滤后染液须贮存一年以上才可使用，保存时间越久，则染色色泽越佳。

4. 吕氏（Loeffler）碱性美蓝染液

A 液：美蓝（methylene blue）0.6g、95%乙醇 30mL。

B 液：KOH 0.01g、蒸馏水 100mL。

分别配制 A 液和 B 液，配好后混合即可。

5. 齐氏（Ziehl）石炭酸复红染色液

A 液：碱性复红（basic fuchsin）0.3g、95%乙醇 10mL。将碱性复红在研钵中研磨后，逐渐加入 95%乙醇，继续研磨使其溶解，配成 A 液。

B 液：石炭酸 5.0g、蒸馏水 95mL。将石炭酸溶解于水中，配成 B 液。

混合 A 液和 B 液即成。通常可将此混合液稀释 5~10 倍使用，稀释液易变质失效，一次不宜多配。

6. 革兰氏（Gram）染色液

1）草酸铵结晶紫染液

A 液：结晶紫（crystal violet）2g 溶于 20mL 95%乙醇。

B 液：草酸铵（ammonium oxalate）0.8g 溶于 80mL 蒸馏水。

将 A 液和 B 液混合，静置 48h 后该溶液不宜长期保存，若出现沉淀，需重新配制。

2）鲁戈氏（Lugol）碘液

碘片 1.0g、碘化钾 2.0g、去离子水 300mL。先将碘化钾溶解在少量去离子水中，再将碘片溶解在碘化钾溶液中，待碘完全溶解后，补充去离子水至 300mL 即可。

3）95%乙醇

用于脱色，脱色后还可使用石炭酸复红溶液或番红溶液进行复染。

4）石炭酸复红溶液

利用去离子水将碱性复红饱和溶液（碱性复红 1g、95%乙醇 10mL、5%石炭酸 90mL）稀释 10 倍即可。

5）番红溶液

将番红（又称沙黄）2.5g 溶于 100mL 95%乙醇中，之后用去离子水将其稀释 9 倍即可。

7. 芽孢染色液

1）孔雀绿染液

孔雀绿（malachite green）5g、去离子水 100mL。

2）番红水溶液

番红 0.5g、去离子水 100mL。

3）苯酚品红溶液

碱性品红 11g、无水乙醇 100mL。取上述配好的溶液 10mL 与 100mL 5%苯酚溶液混合，过滤备用。

4）黑色素溶液

称取 10g 黑色素（nigrosin）溶于 100mL 去离子水中，置沸水浴中 30min 后，滤纸过滤两次，补充去离子水至 100mL，加 0.5mL 甲醛，备用。

8. 荚膜染色液

1）黑色素水溶液

参见芽孢染色液中黑色素溶液的配制方法。

2）番红染液

参见革兰氏染色液中番红复染液的配制方法。

9. 鞭毛染色液

A 液：单宁酸 5g、福尔马林（15%）2mL、1%NaOH 1mL、去离子水 100mL，现配现用。

B 液：$AgNO_3$ 2g、去离子水 100mL。待 $AgNO_3$ 溶解后，取出 10mL 备用，向其余的 90mL $AgNO_3$ 中滴入浓 NH_4OH，将产生大量沉淀，继续滴加 NH_4OH，直到新形成的沉淀又重新开始溶解为止。再将备用的 10mL $AgNO_3$ 慢慢滴入，将出现薄雾状沉淀，但轻轻摇动后，薄雾状沉淀又消失，再滴入 $AgNO_3$，直到摇动后仍呈现轻微而稳定的薄雾状沉淀为止。如所呈雾不重，此染剂可使用一周；如雾重，则银盐沉淀出来，不宜使用。

10. 富尔根氏核染色液

1）席夫（Schiff）试剂

将 1g 碱性复红加入 200mL 煮沸的去离子水中，振荡 5min，冷却至 50℃ 左右过滤，再加入 1mol/L HCl 20mL，摇匀。待冷至 25℃，加 $Na_2S_2O_5$（偏重亚硫酸钠）3g，摇匀后装在棕色瓶中，用黑纸包好，放置暗处过夜，此时试剂应为淡黄色（如为粉红色则不能用），再加中性活性炭过滤，滤液振荡 1min 后，再过滤，将此滤液置冷暗处备用（**注**：过滤需在避光条件下进行）。

在整个操作过程中所用的一切器皿都需十分洁净、干燥，以消除还原性物质。

2）Schandium 固定液

A 液：饱和升汞水溶液。50mL 升汞水溶液与 95%乙醇 25mL 混合均匀即得。

B 液：冰醋酸。

将 A 液 9mL 与 B 液 1mL 混匀均匀后加热至 60℃。

3）亚硫酸水溶液

10%偏重亚硫酸钠水溶液 5mL、1mol/L HCl 5mL，加去离子水 100mL 混合即得。

11．乳酸石炭酸棉蓝染色液

石炭酸 10g、乳酸（相对密度 1.21）10mL、甘油 20mL、蒸馏水 10mL、棉蓝（cottonblue）0.02g。将石炭酸加入去离子水中，加热溶解，然后加入乳酸和甘油，最后加入棉蓝，使其溶解即可。

12．美蓝（Levowitz-Weber）染色液

在装有 52mL 95%乙醇和 44mL 四氯乙烷的三角烧瓶中，慢慢加入 0.6g 氯化美蓝（methylene blue chloride），旋摇三角烧瓶，使其溶解。置于 5~10℃条件下 12~24h，然后加入 4mL 冰醋酸。过滤后贮存于清洁的密闭容器内。

附录Ⅱ　常用培养基和缓冲液的配制

1. 牛肉膏蛋白胨琼脂培养基（培养细菌用）

分别称取牛肉膏 3g、蛋白胨 5g、氯化钠 10g，溶于 1000mL 去离子水中，调溶液 pH 至 7.0～7.2，加入琼脂 15～20g，混合均匀，121℃高压蒸汽灭菌 30min。

2. 高氏（Gause）1 号培养基（培养放线菌用）

分别称取可溶性淀粉 20g、硝酸钾 1g、氯化钠 0.5g、磷酸氢二钾 0.5g、硫酸镁 0.5g、硫酸亚铁 0.01g 和琼脂 20g。配制时，先用少量冷水将淀粉调成糊状，倒入沸水（去离子水）中，置于水浴锅中继续加热，边搅拌边加入其他成分，完全溶解后，调溶液 pH 至 7.2～7.4，补充去离子水至 1000mL。121℃高压蒸汽灭菌 30min。

3. 查氏（Czapek）培养基（培养霉菌用）

分别称取硝酸钠 2g、磷酸氢二钾 1g、氯化钾 0.5g、硫酸镁 0.5g、硫酸亚铁 0.01g、蔗糖 30g 和琼脂 15～20g，加入去离子水 1000mL，混合均匀，121℃高压蒸汽灭菌 30min。

4. 马丁氏（Martin）琼脂培养基（分离真菌用）

分别称取葡萄糖 10g、蛋白胨 5g、磷酸二氢钾 1g、七水合硫酸镁 0.5g 和琼脂 15～20g，加入去离子水 1000mL 和 1%孟加拉红水溶液 3mL，混合均匀，115℃高压蒸汽灭菌 30min。冷却至 60℃以下后，加入 1%链霉素稀释液 3mL，混合均匀，倒平板即可使用。

5. 马铃薯培养基（简称 PDA）（培养真菌用）

称取去皮后的马铃薯 200g，切成小块加至 500mL 去离子水中，煮沸约 30min，之后用纱布过滤，再加入蔗糖（或葡萄糖）20g 和琼脂 15～20g，溶解后继续补加去离子水至 1000mL，混合均匀，121℃高压蒸汽灭菌 30min。

6. 改良麦芽汁琼脂培养基

分别称取麦芽提取物 30g、真菌蛋白胨 5g，加至 950mL 去离子水中混合均匀，之后调 pH 为 6.4 左右，继续补充去离子水至 1000mL，121℃高压蒸汽灭菌 30min。

7. 无氮培养基（富集自生固氮菌用）

分别称取甘露醇（或葡萄糖）10g、磷酸二氢钾 0.2g、七水合硫酸镁 0.2g、氯化钠 0.2g、二水合硫酸钙 0.2g 和碳酸钙 5g，溶于 1000mL 去离子水中（pH7.0～7.2），115℃高压蒸汽灭菌 30min。

8. 豆芽汁蔗糖（或葡萄糖）培养基

称取新鲜豆芽 100g，放入烧杯中，加入去离子水 1000mL，煮沸约 30min，用纱布过滤。补加去离子水至 1000mL。再加入蔗糖（或葡萄糖）50g，待其完全溶解后（可适当加热），121℃高压蒸汽灭菌 30min。

9. 油脂培养基

分别称取蛋白胨 10g、牛肉膏 5g、氯化钠 5g、香油或花生油 10g，加入 1000mL 去离子水，混合均匀，调 pH 至中性（pH7.2）。再加入 1.6%中性红水溶液 1mL 和琼脂 15～20g，混合均匀，121℃高压蒸汽灭菌 30min 即可。在分装时，需不断搅拌，使油均匀分布于培养基中。

10. 淀粉琼脂培养基

分别称取蛋白胨 10g、牛肉膏 5g、氯化钠 5g、可溶性淀粉 2g，溶于 1000mL 去离子水中，调 pH 至中性（pH7.2），再加入琼脂 15～20g，混合均匀，121℃高压蒸汽灭菌 30min。

11. 蛋白胨水培养基

分别称取蛋白胨 10g、氯化钠 5g，溶于 1000mL 去离子水中，调 pH 为 7.6，121℃高压蒸汽灭菌 30min。

12. 糖发酵培养基

A 液：向 1000mL 蛋白胨水培养基中加入 1.6%溴甲酚紫乙醇溶液 1～2mL，调 pH 为 7.6。

B 液：分别配制 20%糖溶液（葡萄糖、乳糖、蔗糖等）各 10mL。

首先，将 A 液分装于试管中，在每管内放一倒置的德汉氏小管，使之充满培养液。再将已分装好 A 液 121℃高压蒸汽灭菌 30min，将 20%的各种糖溶液 115℃高压蒸汽灭菌 30min。最后，在无菌操作下取适量糖溶液加至灭菌后的培养基中（每 10mL 培养基中加入 0.5mL 20%的糖溶液）。

13. 麦氏（Meclary）琼脂培养基

分别称取葡萄糖 1g、氯化钾 1.8g、酵母浸膏 2.5g 和醋酸钠 8.2g，溶于 1000mL 去离子水中，混合均匀，调 pH 为 7.2，再加入琼脂 15～20g，混合均匀，115℃高压蒸汽灭菌 20min。

14. 柠檬酸盐培养基

分别称取磷酸二氢铵 1g、磷酸氢二钾 1g、氯化钠 5g、硫酸镁 0.2g、柠檬酸钠 2g，溶于 1000mL 去离子水中，调 pH 为 6.8，再加入琼脂 15～20g 和 1%溴麝香草酚蓝乙醇溶液 10mL。121℃高压蒸汽灭菌 30min，冷却至 60℃左右时，分装于无菌试管中，倾斜摆放制成斜面。

注：配制时控制好 pH，不要过碱，以黄绿色为准。

15. 醋酸铅培养基

A 液：向 100mL 牛肉膏蛋白胨琼脂培养基（pH7.2）中加入 0.25g 硫代硫酸钠，121℃高压蒸汽灭菌 30min。

B 液：10%醋酸铅水溶液，过滤除菌。

待 A 液冷却至 55~60℃时，加入 1mL B 液，混合均匀后倒入无菌试管或培养皿中即可。

16. 血琼脂培养基

将牛肉膏蛋白胨琼脂培养基 121℃高压蒸汽灭菌 30min，待冷却至 50℃左右时，加入无菌脱纤维羊血（或兔血），混合均匀后倒入无菌试管制成斜面，或倒入无菌培养皿中制成平板即可。

17. 玉米粉蔗糖培养基

A 液：称取玉米粉 60g、磷酸二氢钾 3g、蔗糖 10g 和七水合硫酸镁 1.5g，溶于 1000mL 去离子水中，121℃高压蒸汽灭菌 30min。

B 液：配制维生素 B_1 水溶液（100mg/mL），过滤除菌。

取 1mL B 液加至 A 液中，混合均匀即可。

18. 远藤氏培养基

分别称取蛋白胨 10g、乳糖 10g、亚硫酸钠 2.5g、磷酸氢二钾 3.5g 和碱性品红 0.4g，溶于 1000mL 去离子水中，调 pH 为 pH7.2，再加入琼脂 15~20g，121℃高压蒸汽灭菌 30min。待冷却至 60℃左右分装倒入无菌培养皿中即可，一般贮存时间不宜超过 2 周。

19. 伊红美蓝培养基

A 液：向 100mL 蛋白胨水培养基中分别加入 1.5~2g 琼脂、2mL 2%伊红水溶液和 1mL 0.5%美蓝水溶液，115℃高压蒸汽灭菌 20min。

B 液：配制 20%乳糖溶液，过滤除菌。

待 A 液冷却至 60℃左右时，取 2mL B 液加至 A 液中，混合均匀，分装倒入无菌培养皿中即可。

20. 乳糖蛋白胨培养液

分别称取蛋白胨 10g、牛肉膏 3g、乳糖 5g、氯化钠 5g，吸取 1.6%溴甲酚紫乙醇溶液 1mL，溶于 1000mL 去离子水中，调 pH 为 7.2，115℃高压蒸汽灭菌 20min。

21. LB（Luria-Bertani）培养基

分别称取蛋白胨 10g、酵母提取物 5g 和氯化钠 10g，溶于 1000mL 去离子水中，调 pH 为 7.2，121℃高压蒸汽灭菌 30min。

22. 乳糖牛肉膏蛋白胨培养基

分别称取乳糖 5g、牛肉膏 5g、酵母膏 5g、蛋白胨 10g、葡萄糖 10g、氯化钠 5g，溶于 1000mL 去离子水中，调 pH 为 6.8，再加入琼脂 15g，混合均匀，115℃高压蒸汽灭菌 20min。

23. 尿素琼脂培养基

分别称取尿素 20g、氯化钠 5g、磷酸二氢钾 2g、蛋白胨 1g 和酚红 0.012g，溶于 1000mL 去离子水中，调 pH 为 6.8，再加入琼脂 15g，混合均匀，121℃高压蒸汽灭菌 30min，待冷却至 60℃分装倒入无菌试管中制成斜面即可。

24．磷酸盐缓冲液（0.2mol/L，pH7.2～7.4）

A 液：称取 71.6g $Na_2HPO_4 \cdot 12H_2O$ 溶于 1000mL 去离子水。

B 液：称取 31.2g $NaH_2PO_4 \cdot 2H_2O$ 溶于 1000mL 去离子水。

取 81mL A 液与 19mL B 液，混合均匀即可。

25．Tris-HCl 缓冲液（1.5mol/L，pH8.8）

称取 18.17gTris base 置于 100mL 烧杯中，加入约 80mL 去离子水，充分搅拌溶解，加浓盐酸调 pH 至 8.8，定容至 100mL 即可。

26．Tris-HCl 缓冲液（1.0mol/L，pH6.8）

称取 12.11g Tris base 置于 100mL 烧杯中，加入约 80mL 去离子水，充分搅拌溶解，加浓盐酸调 pH 至 6.8，定容至 100mL 即可。

27．Tris-EDTA 缓冲液（10mmol/L Tris-HCl，1mmol/L EDTA）

A 液：1mol/L Tris-HCl（pH8.0）。称取 Tris base 6.06g 溶于 40mL 去离子水中，滴加浓 HCl 约 2.1mL 调 pH 至 8.0，定容至 50mL。

B 液：0.5mol/L EDTA（pH8.0）。称取 9.306g $EDTA-2Na_2 \cdot 2H_2O$，加入 40mL 去离子水，剧烈搅拌，加入 NaOH 颗粒（约 1g）调 pH 至 8.0，此时 EDTA 完全溶解，定容至 50mL。

取 A 液 1mL、B 液 0.2mL，用去离子水稀释至 100mL，混合均匀即可。

附录Ⅲ 常用指示剂的配制

1．3%酸性乙醇溶液

将 3mL 浓盐酸缓慢加至 97mL 95%乙醇中，混合均匀即可。

2．中性红指示剂

称取中性红 0.04g 溶于 28mL 95%乙醇，再加入 72mL 去离子水，混合均匀即可。中性红在 pH6.8（弱酸性）环境下呈红色，在 pH8.0 环境下呈黄色。

3．溴甲酚紫指示剂

将 0.04g 溴甲酚紫（又称溴甲酚红）溶于 92.6mL 去离子水中，再加入 7.4mL NaOH（0.01mol/L），混合均匀即可。溴甲酚紫的变色范围为 pH5.2～6.8，颜色由黄变紫。

4．溴麝香草酚蓝指示剂

将 0.04g 溴麝香草酚蓝溶于 93.6mL 去离子水中，再加入 6.4mL NaOH（0.01mol/L），混合均匀即可。溴麝香草酚蓝变色范围为 pH6.0～7.6，颜色由黄变蓝。

5．甲基红试剂

将 0.04g 甲基红（methyl red）溶于 60mL 95%乙醇中，再加入 40mL 去离子水，混合均匀即可。其在酸性环境中呈红色，在碱性环境中呈黄色。

6．吲哚试剂

将 2g 对二甲基氨基苯甲醛溶于 190mL 95%乙醇中，再缓慢加入浓盐酸 40mL，混合均匀即可。

7．格里斯氏（Griess）试剂

A 液：将 0.5g 对氨基苯磺酸溶于 150mL 10%稀醋酸。

B 液：将 0.1g α-萘胺溶于 20mL 去离子水中，再加入 150mL 10%稀醋酸，混合均匀即可。

向样品中滴加 A 液和 B 液，若溶液变为粉红色、橙色或棕色，表示有亚硝酸盐存在。

8．二苯胺试剂（DNA 指示剂）

A 液：将 1.5g 二苯胺溶于 100mL 冰醋酸中，再缓慢加入 1.5mL 浓硫酸，混合均匀，置于棕色瓶中保存。

B 液：0.2%乙醛溶液（体积比）。

将 0.1mL B 液加至 10mL A 液中，混合均匀，现配现用。